Corinna Lenz

Großer Spaß für kleine Hunde

Tricks & Spiele für Chihuahua, Jack Russell Terrier, Mops & Co.

Ulmer

4 Kleiner Hund, große Talente

6 Tricks & Spiele für drinnen

- 6 Zwerge groß in Form
- 8 Rasseporträts
- 12 **Test: Welcher Beschäftigungstyp ist mein Hund?**
- 14 Die Testauflösung
- 18 Tipps fürs Training
- 22 Anti-Rückenschmerz-Stab
- 24 Pfotentarget
- 25 Targetfernbedienung

- 28 Check-in
- 30 Halt's fest
- 32 Die Zauberkiste
- 34 Schön die Pfoten abputzen
- 36 Tolle Schnüffeldecke
- 38 Zickzacklauf
- 40 Bitte massieren
- 42 Blinder Passagier
- 44 **Spezial: Neugierde wecken!**
- 46 Becherspiel
- 48 Auf Händen tragen
- 50 Kuckuck
- 52 Fuß-Taxi

54 Tricks & Spiele für draußen

78 Mini-Sport & mehr

56 Suchen und finden
58 Eine runde Sache: Ballspiele
60 Geräuschspiele
64 **Spezial: Leckerlis für kleine Hunde**
66 Sprungslalom
68 Armreif
70 Zwei & Zwei
72 Umlaufbahn
74 Elefantendrehung
76 Pyramide

80 Was kleine Hunde alles können
82 Kleine Nase ganz groß
84 Spaß-Parcours im Garten
86 **Spezial: Mut-Parcours**
90 Dog-Dancing-Choreographie

94 **Service**

Kleiner Hund, große Talente

Zwerge groß in Form

Kleine Hunde können vieles, was große auch können – und manchmal sogar mehr! Dieses Buch zeigt Ihnen, wie Sie Ihren Zwerg optimal fördern und zusammen Spaß haben können.

Häufig unterschätzt

Kleine Hunde werden häufig unterschätzt – völlig zu Unrecht. Deshalb will ich mit Ihnen zusammen in den Rasseporträts ab Seite 8 auf die Suche nach den Talenten Ihres Minis gehen. Denn auch kleine Hunde sind ursprünglich für spezielle Aufgaben gezüchtet worden. Herauszufinden, welche das bei Ihrem Hund sind, gibt Ihnen Aufschluss über seine Fähigkeiten und Vorlieben. Das macht es für Sie leichter, für ihn passende Beschäftigungsmöglichkeiten zu finden. Dabei ist es egal, ob er ein Rassehund oder ein Mischling ist. (Denn auch bei einem Mix haben meist mehrere Rassehunde „mitgemischt".) Sein Typ, ob z. B. Jagdhund, Gesellschaftshund oder Hütehund, hilft Ihnen hier weiter.

Rassemerkmale sind ein wichtiger erster Anhaltspunkt für die Talentsuche, aber natürlich ist Ihr Hund zuallererst einmal ein Individuum mit eigenen Vorlieben und seiner eigenen Geschichte! Im Test auf Seite 12 können Sie daher seinen ganz persönlichen Merkmalen auf den Grund gehen und in der Auflösung ab Seite 14 wichtige Infos für das Training finden.

Manches können nur die Kleinen

Kleine Hunde wurden früher häufig für Aufgaben gezüchtet, die große gar nicht oder nicht so gut können, z. B. in einen Fuchs- oder Kaninchenbau schlüpfen, flink im Stall die Mäuse fangen oder als handlicher Gesellschafts- und Begleithund überall dabei sein. Bei vielen Spielen und Tricks ist das gar nicht anders: Ihren Mini können Sie z. B. im wahrsten Sinne des Wortes „auf Händen tragen", er kann bequem durch Ihre Beine flitzen oder auf Ihren Füßen stehen, während Sie gehen. Wer das mit einem großen Hund probiert hat, weiß zu schätzen, wie **praktisch** so ein Mini doch ist …

Sportliche Minis

Über Hürden springen, durch Tunnel laufen oder sich beim Slalom um die Stangen schlängeln? Für Minis kein Problem. Sie wollen **aktiv** sein und zeigen, was sie alles können. Der Vorteil beim Hundesport: Sie kommen mit viel weniger Platz aus. Ich zeige Ihnen, wie Sie sich diesen Vorteil ganz einfach beim Spaß-Parcours im Garten oder Wohnzimmer zu nutze machen können. Schnell aufgestellt, können Sie so mit wenig Platz für viel sportliche Betätigung sorgen.

Mit ihrer Nase können kleine Hunde ebenfalls brillieren und halten bei Suchaufgaben locker mit den großen mit. Ob leichte Suchspiele für Anfänger, schnelle Übungen für Zwischendurch oder Fährtensuche für Könner: Für jeden Mini gibt es hier die passende Nasenarbeit.

In diesem Buch finden Sie viele Ideen, um Ihren Mini zu beschäftigen. Ich wünsche Ihnen ganz viel Spaß beim gemeinsamen Ausprobieren!

> **TIPP**
>
> **Training mit einem Mini**
> Damit Ihr Rücken beim Training mit Ihrem Mini geschont wird, gebe ich Ihnen nützliche Hilfsmittel an die Hand. So kann etwa der Anti-Rückenschmerz-Stab als praktische Armverlängerung dienen oder das Looktarget als eine Art „Fernbedienung".

Fuß-Taxi: Einige Tricks sind gerade für kleine Hunde besonders geeignet.

Rasseporträts

Chihuahua

Der kleinste Hund der Welt ist flink, aufmerksam, mutig, vielseitig und hat eine schnelle Auffassungsgabe. Er lernt gerne Kunststücke und hat Spaß beim Dog Dance mit seinem Menschen. Weitere Talente entfaltet er z. B. auch bei Intelligenzspielen oder Nasenarbeit. Sehr kleine Chihuahuas (unter 2 kg) haben leider häufig offene Fontanellen und empfindliche Knochen, darauf sollten Sie bei der Beschäftigung Rücksicht nehmen.

Malteser

Die Vorfahren dieses kleinen Vierbeiners wurden zur Bekämpfung von Mäusen und Ratten eingesetzt. Später eher typische Gesellschaftshunde, waren sie besonders zur Unterhaltung wohlhabender Frauen beliebt – was erklärt, warum sie so verspielt und menschenfreundlich sind. Zusammen mit ihrem Zweibeiner lernen sie gerne Kunststücke und haben auch Spaß an sportlichen Herausforderungen, wie Dog Dance oder Agility.

Pudel

Ursprünglich war der Pudel ein apportierender Jagdhund von Wildgeflügel, spezialisiert auf die Wasserjagd. („Puddeln" bedeutet im Altdeutschen „im Wasser planschen".) Der Pudel lernt sehr schnell und gern Kunststücke, beim Dog Dance kann dieses Talent weiter gefördert werden. Da er sehr sportlich ist und gerne mit dem Menschen zusammenarbeitet, eignet er sich für viele weitere Sportarten, wie etwa Agility oder auch Obedience.

Mops

Der Mops wurde schon immer als Gesellschaftshund gezüchtet, er lebte häufig als Luxusgeschöpf, z. B. an Fürstenhöfen. Dies erklärt sein menschenbezogenes und ausgeglichenes Wesen. Ein Mops steht gerne im Mittelpunkt und liebt es, mit seinen Zweibeinern aktiv zu werden, Kunststücke vorzuführen und vieles mehr. Extrem kurze Nasen können zu Atemproblemen führen, daher müssen beim Sport immer wieder Pausen eingelegt werden.

Papillon

Der Kontinentale Zwergspaniel ist ein freundlicher Vierbeiner und diente zur Unterhaltung von wohlhabenden Damen sowie als Spielgefährte von Kindern. Unterhalten können diese Minis besonders gut: Das schnelle Erlernen von Kunststücken sowie Dog Dancing lassen diese Talente bestens zum Vorschein kommen. Ihre sportliche Erscheinung lädt auch zu Hundesport, beispielsweise Agility, ein.

Italienisches Windspiel

Der kleinste Windhund ist eine alte Rasse, die seit vielen Jahrhunderten als Gesellschaftshund gehalten wird, früher oft in Adelskreisen Das Windspiel ist elegant, schnell, anhänglich und lernt leicht. Typisch Windhund folgt es einer Beute mehr mit den Augen als mit der Nase und liebt schnelle Sprints. Diesem Hobby können Sie gerecht werden, indem Sie sich mit ihm sportlich betätigen, z. B. beim Agility oder der „Jagd" nach dem künstlichen Hasen.

Kleiner Hund, große Talente

Dackel

Dackel sind Jagdhunde, z. B. zur Baujagd auf Fuchs, Dachs und Kaninchen sowie zur Nachsuche von verletztem Wild. Die meisten leben aber mittlerweile als reine Familienhunde. Der Dackel ist selbstbewusst, eigenständig und entschlussfreudig. Er lernt gern Tricks, ist flink, agil und hat großen Spaß an Nasenarbeit. Es bieten sich z. B. Schleppfährten an, an deren Ziel er etwas ausbuddeln darf. Die Beschäftigung sollte seinen langen Rücken schonen.

Zwergschnauzer

Einst jagte der wachsame, mutige und schnelle Zwergschnauzer in Ställen Ratten und Mäuse. Sein quadratischer, sportlicher Körperbau als auch seine wendige Art sind ideale Voraussetzungen für Hundesport, z. B. Agility. Seine gute Nase bietet sich für Suchspiele, Fährtenarbeit und Stöbersuche an – ein richtiger Allrounder! Die Haare vor den Augen sollten kurz geschnitten werden, damit er mit seiner Umwelt kommunizieren kann.

Shetland Sheepdog (Sheltie)

Ursprünglich stammt er von den vor Schottland liegenden Shetland-Inseln und hütete dort Schafherden. Als Show- und Familienhund wurde er Anfang des 20. Jahrhunderts weltweit bekannt. Er ist sanft, intelligent und gegenüber seiner Bezugsperson besonders treu. Der Sheltie ist ein echter Allrounder: Blitzschnell einen Agility-Parcours durchlaufen oder komplizierte Dog-Dancing-Choreographien mit seinem Besitzer tanzen? Kein Problem.

Jack Russell und Parson Russell Terrier

Sie sind Arbeitshunde für die Jagd, um Fuchs und Dachs zum Verlassen des Baus zu bewegen sowie zur Nachsuche von verletztem Wild – und zunehmend beliebte Familienhunde. Die durchsetzungsfähigen und sehr sportlichen Terrier sind für Hundesport aller Art geeignet. Besonders bietet sich eine Kombination von Sport und Nasenarbeit an, z. B. Scent Hurdle Racing, ein Hürdenparcours mit Geruchsunterscheidung.

Norfolk Terrier

Einer der kleinsten Terrier wurde ursprünglich gezüchtet zur Ratten- und Mäusejagd auf Bauernhöfen, wo der energiegeladene „Raubzeugfänger" seiner Arbeit mutig und flink nachging. Sein sehr guter Geruchssinn kann durch Nasenarbeit aller Art gefördert werden, auch beim Sport ist er begeistert dabei. Wegen seiner kurzen Beine und seinem relativ langen Rücken sollte er allerdings keine allzu hohen Hindernisse überspringen.

West Highland White Terrier (Westie)

Er entstammt dem alten schottischen Jagdterrier, der in der Meute für die Jagd auf Fuchs, Dachs und Otter eingesetzt wurde. Typischerweise ist der Westie mutig, fröhlich und wachsam. Durch seine ursprüngliche Verwendung ist seine Nase besonders gut ausgeprägt. So machen ihm Nasenarbeiten aller Art großen Spaß. Eine Kombination von Sport und Sucharbeit, Agility und Dog Dance sind beim Westie auch sehr beliebt.

Welcher Beschäftigungstyp ist mein Hund?

Jede Rasse besteht aus verschiedenen Individuen, die teils recht unterschiedliche Hobbys haben können. Finden Sie heraus, welcher Typ Ihr kleiner vierbeiniger Freund ist.

Den Typ erkennen

Wer kennt das nicht? Es gibt Pudel, die nicht gerne schwimmen, Dackel, die nicht ausschließlich am Schnüffeln interessiert sind… Daher sollten Hunde – auch rassereine Exemplare – als das angesehen werden, was sie in jedem Fall sind: Individuen mit eigenen Vorlieben und eigener Geschichte.

Mithilfe des folgenden Tests können Sie die Vorlieben Ihres Hundes herausfinden und so wichtige Erkenntnisse für das Training gewinnen.

Was Sie dafür brauchen:
› Leckerchen
› 1 Handtuch
› 1 Eierkarton
› 1 Ball
› 2 Becher aus Kunststoff oder Pappe

Tipps vorab

Lassen Sie Ihren Hund beim Aufbau zuschauen, dann haben Sie seine volle Aufmerksamkeit. Beobachten Sie ihn gut bei der Testdurchführung und beeinflussen Sie ihn nicht. Ein „Nein" oder „Aus" könnte ihn hemmen, weiterzumachen.

Verwenden Sie besonders attraktive und gut duftende Leckerchen – und wenn Ihr Hund gerade ein wenig hungrig sein sollte: umso besser …

Und so geht's

1. Legen Sie ein Leckerchen auf den Boden und ein Handtuch darüber. Wie reagiert Ihr Hund?

☐ Er nimmt das Handtuch ins Maul und läuft damit weg. (Macher)
☐ Er sucht das Leckerchen, indem er seine Nase zwischen Handtuch und Fußboden schiebt. (Schnüffler)
☐ Er wartet ab und kratzt mit den Pfoten das Handtuch zur Seite. (Denker)

2. Legen Sie ein Leckerchen in einen Eierkarton. Klappen Sie den Karton zu und stellen Sie ihn vor Ihrem Hund auf den Boden. Fünf Minuten später: Wo ist der Karton und wie sieht er aus?

☐ Das Leckerchen ist aufgefressen, der Karton unbeschädigt. (Denker)
☐ Teile des Kartons liegen überall im Zimmer verstreut, das Futter ist aufgefressen. (Macher)

Test

☐ Der Karton wurde mit der Nase durch den Raum geschoben, landete in einer Ecke und wurde dort geplündert. (Schnüffler)

3. Werfen Sie einen Ball auf eine Wiese. Was macht Ihr Hund?

☐ Er läuft sofort hinterher und nimmt den Ball ins Maul. (Macher)
☐ Er läuft ein paar Meter hinterher und entscheidet sich dann für eine andere Tätigkeit. (Denker)
☐ Er sucht den Ball hauptsächlich mit der Nase am Boden. (Schnüffler)

4. Nehmen Sie ein Handtuch und bewegen Sie Ihre Hand im Zickzack unter dem Handtuch. Wie reagiert Ihr Hund?

☐ Er springt mit zwei Vorderpfoten auf Ihre Hand. (Macher)
☐ Er sucht mit der Nase nach Ihrer Hand. (Schnüffler)
☐ Er schaut Sie fragend an und steigt anschließend ins Spiel ein. (Denker)

5. Nehmen Sie zwei Becher und stellen Sie diese verkehrt herum auf den Fußboden. Legen Sie unter einen der Becher ein Leckerchen und vertauschen Sie die Becher. Was macht Ihr Hund?

☐ Er schmeißt einen Becher nach dem anderen um. (Macher)
☐ Er kratzt an dem Becher mit dem Futter. (Denker)
☐ Er sucht mit der Nase nach dem Futter und schmeißt den Becher mit Futter um. (Schnüffler)

6. Wie verhält sich Ihr Hund, wenn Sie mit ihm über ein Feld laufen?

☐ Er bleibt in Ihrer Nähe. (Denker)
☐ Er sucht und/oder buddelt nach Mäusen. (Schnüffler)
☐ Er läuft die dreifache Strecke von Ihnen. (Macher)

Zur Testauswertung

Zählen Sie jeweils zusammen, wie oft die Antwort „Macher", „Schnüffler" und „Denker" ergeben hat. Die Auflösung gibt es auf der nächsten Seite.

Schauen, schnüffeln oder flitzen – was ist die Lieblingsbeschäftigung Ihres Hundes, wenn Sie gemeinsam in Feld und Wald unterwegs sind?

Die Testauflösung

Haben Sie die Ergebnisse zusammengezählt und wissen nun, welcher Typ bei Ihrem Hund überwiegt? Dann lesen Sie weiter, was das für seine Beschäftigung bedeuten kann.

Beschäftigungstypen

Die Zählerei ergibt: 50:50? Ihr Hund ist sowohl ein schnüffelnder Macher als auch ein denkender Schnüffler oder eine andere Typen-Kombination? Kein Problem, dann orientieren Sie sich einfach an beiden Beschreibungen.

Typisch Denker
Der **„Stratege"** unter den Hunden handelt sehr überlegt und kontrolliert. Schlau, wie er ist, wickelt er gezielt die Menschen in seiner Umgebung um die Pfote. Hundetraining mag er am liebsten, wenn es geplant abläuft. Hat er sein Hobby gefunden, arbeitet er hochmotiviert mit und lernt blitzschnell.

Typisch Schnüffler
Auch der **„Unabhängige"** genannt. Er kann sich so gut auf einen Geruch konzentrieren, dass er seine restliche Umwelt gar nicht mehr wahrnimmt. Auf Spaziergängen kann er sich mit sich selbst beschäftigen und taucht dabei in die Welt der Gerüche ab. Diese Höchstleistung an Nasenarbeit macht ihm viel Spaß und kann deshalb im Training als Motivationsmittel einsetzt werden.

Typisch Macher
Der **„Spontane"** scheut keine Mühen und ist immer voller Elan dabei. Er ist besonders begeisterungsfähig und lässt sich deshalb auch schon einmal leicht ablenken. Besonders aktiv läuft er auf Spaziergängen von einer interessanten Stelle zur nächsten. Diese Begeisterungsfähigkeit kann beim Training viel Spaß bereiten.

Typen-Tipps

Je nachdem, welcher Beschäftigungstyp Ihr Hund ist, gibt es beim Training unterschiedliche Dinge zu beachten, z. B.: Wie führen Sie Ihren Hund an neue Dinge heran? Wie können Sie ihn bedarfsgerecht bestätigen? Eine Belohnung ist besonders **effektiv**, wenn damit die individuellen Bedürfnisse des Hundes befriedigt werden. Welche Bedürfnisse das sind, hängt vom jeweiligen Beschäftigungstypen ab: Während der „Macher" wegen eines Lobes seines Menschen in einer höheren Tonlage vor Stolz beinahe platzt, nimmt der „Schnüffler" diese leichte Veränderung gar nicht wahr, und der „Denker" hofft schlicht auf eine angemessenere Belohnung …

Rusty ist ein typischer „Macher". Seine Begeisterungsfähigkeit ist ansteckend!

Denker-Tipps

Der Denker erarbeitet sich Dinge gerne **selbst**. Deshalb ist es beim Training wichtig, dass Sie die Übungen vorher gut planen. Dann können Sie die einzelnen Übungen in kleine Schritte unterteilen, die sich Ihr Hund selbst erarbeitet. So müsste er z. B. beim Trick „Pfote geben" im ersten Schritt seine Pfote bewegen. Damit Ihr Kleiner selbst aktiv wird, legen Sie dafür ein Futterstück unter einen durchsichtigen Gegenstand (z. B. einen Plastikdeckel). Sobald Ihr Hund mit seiner Pfote aktiv wird, um ans Futter zu kommen, bestätigen Sie das.

Beim Denker ist es besonders wichtig, dass seine Belohnung an die vorherige Leistung angepasst ist – er kann nämlich rechnen! Hat Ihr Hund z. B. für den Trick „Dreh dich" immer für eine Drehung jeweils einen Futterbrocken bekommen, erwartet er für drei Drehungen hintereinander selbstverständlich auch drei Leckerchen ...

Der Denker findet es auch spannend, wenn Sie für ihn unterschiedlich attraktive Leckerchensorten als Belohnung vorbereiten. So bekommt er für das Erlernen von neuen Dingen etwa Goudastückchen, die er so besonders gerne mag, während er beim Vorzeigen seines Lieblingstricks „nur" einen Brocken von seinem normalen Trockenfutter erhält.

Haben Sie verschiedene Hundehobbys gefunden, die Ihnen und Ihrem Mini Freude bereiten, werden Sie einen selbstbewussten Hund haben, der gerne neue Dinge mit Ihnen lernt.

Beim Erlernen neuer Tricks möchte Tobi, der „Denker", angemessen belohnt werden.

Das Erkunden von Wildspuren oder Mäuselöchern ist die ideale Belohnung für Schnüfflertypen wie Livvy.

Schnüffler-Tipps

Da der „Schnüffler" beim Geruch von Futter leicht in die Welt der Gerüche abtaucht, ist es wichtig, Futter als Lockmittel so schnell wie möglich abzubauen. Denn sonst kann es vorkommen, dass er es gar nicht mitbekommt, was Sie ihm gerade gezeigt haben – er konnte sich nur auf die gut riechenden Leckerlis **konzentrieren**. Lassen Sie das Futter als Belohnung besser aus dem Nichts auftauchen, indem Sie es z. B. beim Training in der Wohnung schnell aus einer Schüssel vom Tisch oder aus einem Schrank hervorzaubern.

Belohnungen, bei denen der „Schnüffler" seine Nase anstrengen darf, kommen besonders gut an. So können Sie schon vor dem Training ein paar Leckerbissen verstecken, die er sich nach anstrengenden Übungen suchen darf. Planen Sie dafür extra Zeit ein, denn der „Schnüffler" wird nicht gerne gehetzt. Begeistern Sie Ihren Hund auf Spaziergängen im Wald, indem er Wildspuren oder Mäuselöchern nachschnuppern darf, und laden Sie ihn bei Stadtgängen in menschenleere Fußgängerzonen nach Geschäftsschluss zum intensiven Schnüffelspaß ein.

Hat Ihr Hund gelernt, dass es sich lohnt, für ihn zunächst „sinnfreie Übungen" mit Ihnen in Zusammenarbeit auszuführen, wird dies zu einer noch engeren Hund-Mensch-Bindung führen.

Macher-Tipps

Dem Macher ist es wichtig, im Training häufig **Rückmeldungen** von Ihnen zu bekommen, dass sein gerade gezeigtes Verhalten erwünscht ist. Zählen Sie doch einmal, wie viele Rückmeldungen Sie Ihrem Hund in einer Minute geben: Hierzu können Sie sich beim Training z. B. eine Stoppuhr stellen oder dabei filmen. Etwa 15 positive Rückmeldungen pro Minute lassen den „Macher" konzentriert arbeiten. Achten Sie außerdem darauf, dass die Ablenkung in der Umgebung zunächst sehr gering ist.

Helfen Sie ihm, die richtige Balance zu finden. Die Belohnung sollte den „Macher" zwar erfreuen, sie sollte ihn aber nicht in völlige Begeisterung bzw. in einen überdrehten Zustand versetzen.

Testen Sie verschiedene Futtersorten und entscheiden Sie sich für die Sorten, bei denen Ihr Hund noch konzentriert arbeiten kann. Und bei Übungen, die viel Ruhe erfordern, kann es hilfreich sein, Bröckchen aus Trockenfutter zu verwenden, da das Kauen entspannend wirken kann und Ihr Hund so leichter Ruhe findet. Ist bei Aktivitäten hingegen viel Bewegung erwünscht, wie z. B. beim Agility, können Sie den „Macher" begeistern, indem Sie ihn am Ende des Parcours zur Belohnung hinter Leckerchen oder einem Ball herjagen lassen.

Viele positive Rückmeldungen sind Peanut als Machertyp wichtig.

Tipps fürs Training

Ihr Hund ist ein schlaues Kerlchen und wird sicherlich mit Eifer lernen. Mit den richtigen Hilfsmitteln und Techniken geht's noch schneller – und macht noch viel mehr Spaß!

Vorbereiten

Sie können es kaum abwarten, mit dem Training loszulegen? Geduld, Geduld, … Nehmen Sie sich noch etwas Zeit für die Vorbereitung, dann klappt es nachher dafür umso besser.

Trainingsplan

Machen Sie sich vorher Gedanken zu Ihrem Trainingsaufbau. Ein gut nachvollziehbarer Plan, bei dem ein Schritt **logisch** auf dem anderen aufbaut, macht Spaß, denn Ihr Hund fühlt sich verstanden und ist motivierter. Überlegen Sie

Der Trainingsplan sollte so geschrieben sein, dass Sie einen Punkt nach dem anderen abhaken können.

Ein Klickgeräusch oder ein Markerwort kündigen immer eine Belohnung an.

sich das Trainingsziel und unterteilen Sie es in viele kleine Teilziele. Notieren Sie sich die Teilziele auf einer Liste, dann können Sie während des Trainings einen Punkt nach dem anderen abhaken.

Sie erhalten zu jeder hier vorgestellten Übung einen Trainingsplan. Dies ist aber immer nur eine von vielen Möglichkeiten, um ans Ziel zu kommen. Kommen Sie an einem Punkt nicht weiter? Passen Sie den Plan einfach an: Dazu können Sie einen Schritt in mehrere kleine Schritte unterteilen oder einen Punkt überspringen.

Hunde in den Modus bringen

Vor einer Übung kann es hilfreich sein, mit einer **ähnlichen Übung** zu beginnen, die Ihr Hund schon kann. Möchten Sie ihm z. B. beibringen, sich seine Pfoten an einer Matte abzuputzen, lassen Sie ihn vorher mehrmals die Pfote geben. So ist die Wahrscheinlichkeit viel höher, dass Ihr Hund seine Pfoten einsetzen wird.

Motivieren & bestätigen

Zur Motivation oder Bestätigung gehört alles, was von Ihrem Hund in diesem Moment als angenehm empfunden wird, z. B. eine positive Rückmeldung, ein Leckerchen oder ein Spiel. Lohnt sich ein Verhalten für Ihren Hund, wird er es auch öfter zeigen.

Locken

Mit einem **Leckerchen** in der Hand können Sie Ihren Hund in die Position locken, in der Sie ihn gerade haben wollen. Damit er aber neben dem Futter noch seine Umwelt wahrnimmt, lassen Sie das Futter wie aus dem Nichts vor dem Maul des Hundes auftauchen und genauso schnell wieder verschwinden. So vermeiden Sie, dass Ihr Hund nur lernt, dem Futter zu folgen. Versuchen Sie Ihren Mini in verschiedene Positionen zu locken, z. B. indem Sie ihn sich im Kreis drehen lassen.

Clickertraining CL

Ein Clicker ist eine Art Knackfrosch, der ein bestimmtes Geräusch macht. Dieses Geräusch kündigt dem Hund eine Belohnung an. Das ermöglicht eine feine Kommunikation, denn Sie können ihm so im genau **richtigen Moment** eine positive Rückmeldung geben. Er gewinnt an Vertrauen, ist motiviert und konzentriert sich auf das erwünschte Verhalten. Das macht das Clickertraining sehr effektiv.

Erste Schritte: Nehmen Sie 10 Lieblingsleckerlis in Ihre eine Hand und einen Clicker in die andere. Halten Sie beide Hände hinter Ihren Rücken. Klicken Sie nun und geben Sie Ihrem Hund im Anschluss ein Leckerli. Immer eins nach dem anderen, denn der Klick soll die Ankündigung für das Futter sein.

Markerwort MW

Anstelle des Klicks können Sie auch ein Markerwort verwenden, das Ihrem Hund die Belohnung ankündigt. Überlegen Sie sich dafür ein **beliebiges Wort**, z. B. „Bingo", oder „Klick". Machen Sie die Übung „Erste Schritte" unter „Clickertraining", aber statt zu klicken, sagen Sie Ihr Markerwort. Der Vorteil: Sie müssen keinen Clicker in der Hand halten. Das ist besonders praktisch bei Tricks, für die Sie beide Hände benötigen.

Wann locken, wann klicken?

Wenn Sie Ihren Hund mit Futter locken, ist ein zusätzlicher Klick bzw. ein Markerwort überflüssig. Denn die Futtergabe in der erwünschten Position ist eine sehr eindeutige Belohnung. In den Trainingsanleitungen finden Sie Vorschläge dafür, wann gelockt wird und wann stattdessen ein Klick bzw. das Markerwort (das Symbol dafür: CL/MW) sinnvoll ist.

Targettraining

Damit können Sie Ihrem Hund Tricks beibringen, die als Vorübung für viele weitere Übungen dienen. Das Wort „Target" kommt aus dem Englischen und bedeutet „Ziel". Beim Targettraining (siehe ab Seite 22) bringen Sie Ihrem Hund bei, bestimmte **Ziele** – das kann ein Stock, ein Kunststoffdeckel oder einfach Ihre Hand sein – mit unterschiedlichen Körperteilen zu berühren, bzw. diesen mit seinem Blick zu folgen.

Futterpunkt FP

Die Stelle, an der gefüttert wird, ist ein wichtiger Punkt im Training. In den Übungen finden Sie dafür das Symbol: FP. Beispiel: Sie wollen Ihrem Hund beibringen, mit der Nase einen Ball zu berühren. Dann füttern Sie ihn neben dem Ball, dann bleibt dort die Aufmerksamkeit.

TIPP

Passende Belohnung

Passen Sie die Belohnung der Situation und Umgebung an: Üben Sie zu Hause einen Trick ohne Ablenkung, können Sie Ihren Hund z. B. oft mit seinem normalen Trockenfutter begeistern. Je mehr er abgelenkt oder je schwieriger die Übung ist, desto hochwertiger sollte die Belohnung sein.

In welcher Position ein Hund belohnt wird (Futterpunkt), hat entscheidenden Einfluss auf den Trainingserfolg.

Die Übung festigen

Sind die Grundlagen für eine Übung gelegt, bekommt sie ein bestimmtes Signal und wird so abrufbar und alltagstauglich.

Ein Signal einführen

Mit einem Signal kündigen Sie Ihrem Hund ein bestimmtes Verhalten an. Ein Signal kann ein von Ihnen gewähltes **Wort** oder eine **Geste** sein. Beispiel: Zuerst greifen Sie zur Hundeleine und gehen dann aus der Tür zum Spaziergang. So kündigt der Griff zur Leine Ihrem Hund den Spaziergang an.

Zur Einführung eines neuen Signals sagen oder zeigen Sie es ihm kurz (ca. 0.5 Sekunden) vor der Aktion, hier: Vor dem Griff zur Leine. Bei der Übung „Sitz": Bevor der Hund sitzt.

Funktioniert es? Üben Sie das Signal aus verschiedenen Positionen heraus und in unterschiedlichen Situationen, bei Signalwörtern auch mit dem Rücken zum Hund. Sind Sie zu schnell vorgegangen, müssen Sie noch öfter üben.

Generalisieren

Hunde lernen im Zusammenhang mit ihrem **Umfeld**. Kann Ihr Mini Männchen machen, wenn Sie vor ihm stehend das Signal geben, heißt dies nicht zwangsläufig, dass er das auch kann, wenn Sie z. B. mit dem Rücken zu ihm stehen. Üben Sie in unterschiedlichen Positionen und an unterschiedlichen Orten. Gehen Sie dabei immer einige Schritte im Trainingsplan zurück. Je sicherer ein Verhalten in einer ablenkungsfreien Umgebung klappt, desto einfacher übt es sich in einer neuen Umgebung.

Anti-Rückenschmerz-Stab

Ein Targetstab ist ein Stab mit einem kleinen Ball (Target) an einem Ende. Diesem Ball soll Ihr Hund mit der Nase folgen. Damit können Sie Ihren Mini in alle möglichen Positionen lenken, indem Sie ihn „am Stab herumführen". Dies ermöglicht Ihnen ein Training ohne Rückenschmerzen, selbst mit einem kleinen Hund.

Mögliche Übungen: Männchen machen, Drehen, Sprungslalom (siehe Seite 66).

Schritt für Schritt
1. Nehmen Sie den Targetstab hinter Ihren Rücken. Halten Sie ihn dann kurz Ihrem Hund vor die Nase. Wahrscheinlich wird Ihr Hund aus Neugier schauen, was das wohl ist.
   Beachten Sie: Die Nase soll sich dem Ball am Targetstab nähern. Nicht umgekehrt.
   Die Nase nähert sich dem Ball: CL/MW.
   FP: Dicht am Ball.
2. Wiederholen Sie Schritt 1.
   Die Nase berührt den Ball: CL/MW.
   FP: Dicht am Ball.
3. Nehmen Sie den Targetstab hinter Ihren Rücken und halten Sie ihn Ihrem Hund in verschiedenen Positionen hin:
   Ihr Hund bewegt sich einen Schritt zum Ball.
   Er streckt seinen Kopf in die Luft, um den Ball zu berühren.
   Er bewegt sich mit seiner Nase zum Boden, um dem Ball zu folgen.
   Er dreht sich im Kreis, um dem Ball zu folgen.
   Bei allen Positionen gilt: Immer dann, wenn Ihr Hund mit der Nase dem Ball folgt: CL/MW.
   FP: Dicht am Ball.
4. Führen Sie ein Signal ein, z.B „Touch" oder „Nase".
   Wenn Ihr Hund nach dem Signal den Ball berührt: CL/MW.
   FP: Dicht am Ball.

Alternative: Sie können auch ein Handtarget aufbauen. Dabei lassen Sie Ihren Hund anstelle vom Targetball Ihre Handinnenfläche berühren.

▸ Mit dem Anti-Rückenschmerz-Stab können Sie Ihren Hund bequem locken.

TIPP

Target selber machen

Targetstäbe gibt es im Zoofachhandel oder Sie basteln sich einfach selbst einen, indem Sie einen kleinen Ball an einem Stab befestigen.

Pfotentarget

Beim Pfotentarget bringen Sie Ihrem Hund bei, mit seinen Pfoten auf bestimmten Punkten zu stehen. Als Targets eignen sich z. B. Glasuntersetzer, Plastikteller, passend geschnittene Matten oder spezielle Pfotentargets aus dem Zoofachhandel.

Mögliche Übungen: Umlaufbahn (siehe Seite 72), Auf Händen tragen (siehe Seite 48), Fuß-Taxi (siehe Seite 52).

Schritt für Schritt

Sie können mit allen vier Pfoten getrennt üben. Gehen Sie dabei alle Trainingsschritte mit einer Pfote durch. Erst wenn das klappt, kommt die nächste dran.

1. Kann Ihr Hund „Pfote geben"? Lassen Sie sich 4x die Pfote geben. So kommt er in den „Pfotenmodus".
   Wenn die Pfote sich am weitesten in der Luft befindet: CL/MW.
   FP: Nach dem Markerwort.
2. Sagen Sie das Signal für „Pfote geben" und halten Sie das Target unter die Pfote.
   Die Pfote berührt das Target: CL/MW.
   FP: Auf dem Target.
   Werfen Sie danach ein weiteres Leckerchen vom Target weg, dann ist Ihr Hund wieder in Startposition.
3. Halten Sie den Pfotentarget nach jedem erfolgreichen Durchgang ein kleines Stück näher Richtung Boden.
   Die Pfote berührt das Target: CL/MW.
   FP: Auf dem Target. Danach ein zweites Leckerchen werfen.
4. Stellen Sie das Target auf den Boden.
   Die Pfote berührt das Target: CL/MW.
   FP: Auf dem Target.

Snoopy hat gelernt, auf dem Pfotentarget zu warten.

Targetfernbedienung

Eine sehr praktische Targetübung für Kleinhundebesitzer: Bei der Targetfernbedienung, auch Looktarget genannt, folgt Ihr Hund mit seinen Blick bzw. mit seinem ganzen Körper der Fernbedienung. Die Fernbedienung ist Ihre Hand – der Handrücken zeigt zum Hund.

Mögliche Übungen: Seitlich neben Ihnen hergehen, Rückwärts gehen, bei Fuß laufen.

Schritt für Schritt

1. Ihr Hund ist neben Ihnen. Zeigen Sie ihm ein Leckerli und nehmen Sie Ihre Hand mit dem Handrücken nach nach unten vom Hund weg. Die Handinnenfläche zeigt nach oben, darin liegt das Leckerchen.
   Wenn er zu Ihrer Hand schaut: CL/MW.
   FP: Direkt nach dem Markerwort, indem Sie ihm das Futter von der Handinnenfläche geben.
2. Wie Schritt 1, gehen Sie dabei aber einen kleinen Schritt nach vorne. Wenn Ihr Hund neben Ihnen läuft und zur Hand schaut: CL/MW.
   FP: Direkt nach dem Markerwort von der Handinnenfläche.

Die Hand im Blick: So können Sie Ihren Hund nach Belieben Positionen lenken.

Tricks & Spiele für drinnen

Check-in

Der Trick

Ihr Hund steht mit allen vier Pfoten in einem Gegenstand.

Was Sie dafür brauchen:
› Verschieden große Behälter, in die Ihr Hund leicht reinklettern kann, z. B. Blumenuntersetzer, Kunststoffschüsseln, Pappschachteln.

Vorbereitung:
› Stellen Sie den neuen Gegenstand auf einen rutschfesten Untergrund und lassen Sie ihn vom Hund erkunden.

Schritt für Schritt

1. Locken Sie Ihren Hund in einen Behälter, in den er einfach hineinsteigen kann und wo er bequem mit allen vier Pfoten Platz findet. Dazu können Sie Leckerchen oder den Targetstab verwenden.
   CL/MW für alle Schritte: Sobald die vierte Pfote im Behälter steht.
   FP: Im Behälter.
2. Machen Sie ein Spiel daraus: Schicken Sie Ihren Hund in den Behälter und locken Sie ihn schnell wieder raus. So können Sie innerhalb kurzer Zeit das Hereinspringen mehrere Male wiederholen.
   FP: Im Behälter. Dann ein zweites Leckerli weg vom Behälter rollen.
3. Verwenden Sie nun schrittweise immer kleinere Behälter. Falls erforderlich, locken Sie Ihren Hund mit dem Leckerchen oder dem Target in Position.
   FP: Im Behälter aus Ihrer Hand.
4. Führen Sie ein Signal ein.

▸ Alle vier Füße in der kleinen Schachtel – das kann nur ein Minihund.

Halt's fest

Der Trick

Ihr Hund lernt, Gegenstände im Maul festzuhalten.

Was Sie dafür brauchen:
› 1 Socke
› Leckerchen
› Gegenstände zum Festhalten

Schritt für Schritt

Vorübung: Handtarget (siehe Seite 22).
1. Stecken Sie ein Leckerchen in eine Socke und bestätigen Sie in kleinen Schritten folgendes:
   FP 1: Sobald Ihr Hund sich für die Socke interessiert: Aus der Socke. Öffnen Sie dafür die Socke und lassen Sie ihn aus ihr fressen.
   FP 2: Sobald Ihr Hund mit der Schnauze die Socke berührt: Aus der Socke.
   FP 3: Sobald er mit einem Zahn die Socke berührt: Aus der Socke.
   FP 4: Sobald Ihr Hund in die Socke beißt: Aus der Socke.
2. Um „Festhalten" zu trainieren, ziehen Sie die Socke ohne Leckerchen darin im Zickzack vor Ihrem Hund weg. Sobald Ihr Hund die Socke festhält: CL/MW.
   FP: Aus der Socke.
3. Dehnen Sie nun schrittweise die Zeit des Festhaltens aus.
4. Führen Sie ein Signal ein.
5. Üben Sie das Festhalten mit unterschiedlichen Gegenständen, für Fortgeschrittene auch mit verschiedenen Materialien wie Kunststoff, Metall etc.
6. Wenn Sie noch mehr machen möchten: Üben Sie mit Ihrem Hund, Ihnen den Gegenstand zu bringen.

Üben Sie in kleinen Schritten: Zuerst frisst Paulina das Leckerchen aus der Socke.

▸ Festhalten für Fortgeschrittene: Paulina steht dabei auf einem Schemel.

Die Zauberkiste

Der Trick

Öffnet Ihr Hund durch Ziehen an der Kordel die Zauberkiste, findet er dort ein Leckerchen. Schiebt er die Kiste mit der Nase wieder zu, füllt sie sich auf magische Weise erneut!

Was Sie dafür brauchen:
› 1 größere Streichholzschachtel
› 1 Schere
› 1 ca. 10 cm lange Kordel
› 1 Klebepunkt, z. B. Stuhluntersetzer
› Leckerchen

Vorbereitung:
› Befestigen Sie an einer kurzen Seite der Schublade die Kordel. Stechen Sie dazu ein Loch hinein, führen Sie die Kordelenden durch und verknoten Sie sie innen.
› Kleben Sie einen Punkt (Nasentarget) neben die Kordel.
› Schneiden Sie oben in die Kiste ein kleines Loch zum Befüllen.

Schritt für Schritt: Kiste öffnen

Vorübung: Mit einem ausgelassenen Zerrspiel vorher kommt Ihr Hund in den Zieh- und Zerrmodus.
1. Nehmen Sie die Schublade aus der Zauberkiste heraus und bewegen Sie sie im Zickzack von Ihrem Hund weg. Die Kordel zeigt dabei zum Hund. Sobald er an der Kordel zieht: **CL/MW**.
FP: Neben der Kordel.
2. Legen Sie Leckerchen in die Schublade und stecken Sie sie komplett in die Schachtel. Halten Sie die Kordel vor Ihren Hund.
Sobald Ihr Hund an der Kordel zieht und sich die Zauberkiste etwas öffnet: **CL/MW**.
FP: Aus der Zauberkiste.

Mit der Nase auf dem Targetpunkt drückt Peanut die Kiste wieder zu.

Zauberkiste öffne dich! Was ist wohl drin?

Schritt für Schritt: Kiste schließen

Vorübung: Targetstab (siehe Seite 22).
1. Nehmen Sie die Schublade aus der Schachtel heraus und halten Sie die Seite mit dem Punkt vor Ihren Hund. Sobald Ihr Hund sich dem Punkt nähert: CL/MW.
   FP: Neben dem Targetpunkt.
2. Wiederholen Sie Schritt 1. Sobald Ihr Hund den Punkt mit der Nase berührt: CL/MW.
   FP: Neben dem Targetpunkt.
3. Wiederholen Sie Schritt 1.
   Beachten Sie: Belohnen Sie ab jetzt nur noch festes Drücken am Punkt. Sobald Ihr Hund den Punkt mit der Nase anschiebt: CL/MW.
   FP: Neben dem Targetpunkt.
4. Nun der ganze Trick: Stecken Sie die Schublade in die Schachtel und halten Sie sie vor Ihren Hund. Setzen Sie hier Zwischenschritte ein, bis er die Kiste vollständig schließt. Seine Belohnung bekommt er erst, wenn er die Kiste wieder öffnet.
   Sobald er den Targetpunkt mit der Nase zurück ins Fach schiebt: CL/MW.
   FP: Zur Belohnung bekommt er das Futter aus der Schachtel.

Schön die Pfoten abputzen

Der Trick

Ihr Hund kratzt mit den Vorderpfoten auf einer Fußmatte. Wie praktisch – bei Regenwetter kann Ihr Hund in Zukunft allein für saubere Pfoten sorgen!

Was Sie dafür brauchen:
› 1 kleines Tuch, z. B. Mikrofaser- oder Handtuch
› 1 Fußmatte

Pfoteneinsatz ist gefragt, um an die Leckerchen unter dem Tuch zu kommen.

Schritt für Schritt

Vorübung: Ihr Hund kann Pfötchen geben? Dann los, und bitte mehrere Male. So „denkt" Ihr Hund hauptsächlich an seine Pfoten und kommt in den richtigen Modus (siehe Seite 18).

1. Legen Sie ein Leckerchen auf eine Fußmatte und das Tuch darüber. Drücken Sie das Tuch fest an die Fußmatte, sodass Ihr Hund es nicht mit der Nase zur Seite schieben kann. Sobald Ihr Hund mit den Pfoten eine Aktion an der Matte anbietet: CL/MW.
   FP: Heben Sie das Tuch hoch, sodass Ihr Hund das Futter fressen kann.
2. Wiederholen Sie Schritt 1. Sobald Ihr Hund mit den Pfoten am Tuch kratzt: CL/MW.
   FP: Wie oben.
3. Legen Sie das Tuch auf die Matte, nun aber ohne Futter darunter zu verstecken. Tun Sie wenn nötig so, als ob Futter unter dem Tuch liegen würde. Sobald Ihr Hund mit den Pfoten am Tuch kratzt: CL/MW.
   FP: Auf der Matte.
4. Üben Sie nun ohne Tuch und führen Sie ein Signal ein. Sobald Ihr Hund mit den Pfoten an der Matte kratzt: CL/MW.
   FP: Auf der Matte.

▸ Matschwetter? Kein Problem! In Zukunft säubert sich Ihr Hund seine Pfoten selbst.

Tolle Schnüffeldecke

Das Spiel

Ihr Hund sucht in der Schnüffeldecke nach Leckerchen. Eine anstrengende Nasenarbeit für Ihren Vierbeiner, prima auch als Indoor-Beschäftigung bei Regenwetter.

Was Sie dafür brauchen:
- 1 Gästehandtuch, 30 x 50 cm
- 1 Fleecedecke, 130 x 170 cm (ggf. 2 Decken unterschiedlicher Farbe)
- 1 spitze Schere
- Leckerchen verschiedener Größe

Vorbereitung:
- Schneiden Sie etwa 130 Streifen (20 x 5 cm) aus der Fleecedecke.
- Schneiden Sie nun im Abstand von 2 cm zwei ca. 2 cm lange Löcher in das Handtuch. Ziehen Sie einen Fleecestreifen durch beide Löcher und verknoten Sie ihn mittig, beide Enden sollen gleich lang sein.
- Wiederholen Sie das, bis Sie alle Fleecestreifen gleichmäßig im Handtuch verteilt sind.

Schritt für Schritt

Beginnen Sie mit dem Spiel ganz einfach, das bringt schnell Erfolgserlebnisse. Steigern Sie bei jedem Durchgang die Schwierigkeit, indem Sie ein Kriterium verändern. Der Aufbau könnte z. B. wie folgt aussehen:

1. Legen Sie große Leckerchen auf die Schnüffeldecke, Ihr Hund darf Ihnen zuschauen.
2. Legen Sie große Leckerchen zwischen einzelne Fleecestreifen, Ihr Hund darf dabei zuschauen.
2. Wie Schritt 2, Sie nehmen jedoch nach und nach immer kleinere Leckerchen.
4. Wie Schritt 3, Ihr Hund darf jedoch ab jetzt nicht mehr zuschauen.
5. Wie Schritt 3, rollen Sie die Decke nun zusammen, bevor Ihr Hund suchen darf.
6. Wie Schritt 3, decken Sie die Schnüffeldecke jetzt mit Handtüchern ab.
7. Wie Schritt 3, legen Sie die Decke jedoch unter einen Schrank. So muss Ihr Hund sie erst hervorziehen, bevor er suchen kann.
   Überraschen Sie Ihren Hund, indem Sie sich weitere Steigerungsmöglichkeiten einfallen lassen. Er wird es lieben!

◀ So sieht die Rückseite der fertigen Schnüffeldecke aus.
▶ Voller Begeisterung erschnüffelt die Snoopy die Leckerchen zwischen den Fleecestreifen.

Übung

Zickzacklauf

Der Trick

Der Mensch bewegt sich auf allen Vieren vorwärts, während der kleine Hund Slalom um seine Vorderarme läuft.

Was Sie dafür brauchen:
› 1 Pfotentarget
› Leckerchen

TIPP

Wohin mit den Leckerchen?
In Ihrer Hand bieten Leckerchen viel Ablenkung. Das können Sie vermeiden, wenn Sie sie in einer Leckerchentasche auf Ihrem Rücken verstauen.

Schritt für Schritt

1. Gehen Sie auf alle Viere und locken Sie Ihren Hund in die Position außen neben Ihrem linken Arm. Stellen Sie das Target nach rechts und Ihre rechte Hand davor. Signalisieren Sie Ihrem Hund, zum Target zu laufen. Schauen Sie dabei zum Target.
Während er zum Target läuft: CL/MW.
FP: Lassen Sie ein Leckerchen nach vorne links rollen. So läuft Ihr Hund gleich in die richtige Richtung.
2. Wiederholen Sie Schritt 1, nun jedoch ohne Target. Geben Sie Ihrem Hund mit Ihrem Blick den Weg vor.
Lassen Sie Ihre nach vorne gerichtete Armbewegung zum Signal für Ihren Hund werden. Dann heißt es für ihn, los bzw. durch Ihre Arme zu laufen.
3. Locken Sie Ihren Hund an Ihre rechte Seite und stellen Sie das Target nach links. Nehmen Sie Ihre linke Hand vor das Target, Ihr Hund soll zum Target laufen.
Während er zum Target läuft: CL/MW.
FP: Futter nach vorne rechts rollen.
4. Üben Sie Schritt 3 ohne Target.
5. Lassen Sie Ihren Hund abwechselnd durch Ihre Arme laufen.

Mithilfe von Pfotentargets können Sie Ihrem Hund die Richtung vorgeben.

▸ Im Zickzacklauf um Frauchens Arme – das können nur die Kleinen.

Übung
Bitte massieren

Der Trick

Massage gefällig? Auf Signal kratzt Ihr Vierbeiner Ihnen am Rücken! Mit diesem Trick können unsere kleinen Hunde zu tollen Helfern in der Not werden!

Was Sie dafür brauchen:
› Mehrere Papierservietten
› Leckerchen

Ein paar Mal kratzen an der Serviette und schon kommt das Futter zum Vorschein.

Schritt für Schritt

1. Legen Sie eine Serviette auf den Boden und ein Leckerchen darunter. Halten Sie die Serviette an den Seiten fest. So kommt Ihr Hund nur an die Belohnung, wenn die Serviette durch sein kratzen zerreißt. Hier belohnt sich Ihr Hund im richtigen Moment selbst, wenn er das Leckerli frisst.
2. Legen Sie nun eine Serviette mit einem Leckerchen darunter an verschiedene Stellen, z. B. an ein Bein, an eine Wand oder einen Arm. Verkleinern Sie die Serviette Stück für Stück.
3. Wiederholen Sie Schritt 2, diesmal aber ohne Futter.
Sobald Ihr Hund Kratzbewegungen zeigt: **CL/MW**.
FP: Auf der Serviette.
4. Halten Sie das Serviettenstück an Ihren Rücken. Kratzt Ihr Hund fleißig am Rücken, lassen Sie das Papier weg und zeigen ihm mit einem Handzeichen die entsprechende Stelle.
Wenn Ihr Hund mit den Pfoten kratzt: **CL/MW**.
FP: Aus Ihrer Hand. Führen Sie Ihr Signal ein, wenn Ihr Hund ein sicheres Kratzverhalten zeigt.

▶ Überraschen Sie Ihre Freunde mit einer Rückenmassage. Der Masseur: Ihr Hund.

Blinder Passagier

Der Trick

Auf das Signal „in", läuft Ihr Hund zum geschlossenen Koffer, hebt mit der Schnauze den Deckel an, kriecht hinein und schaut unter dem Deckel hervor.

Was Sie dafür brauchen:
› 1 Koffer mit einem leichten Deckel
› Leckerchen

Schritt für Schritt

1. Stellen Sie den offenen Koffer auf einen rutschfesten Untergrund, wie einen Teppichboden. Nehmen Sie sich ein Leckerchen und locken Sie Ihren Hund Richtung Koffer.
FP: Sobald Ihr Hund am Koffer steht.
2. Locken Sie Ihren Hund nun schrittweise mit Futter in den Koffer.
FP 1: Eine Pfote steht im Koffer.
FP 2: Zwei Pfoten stehen im Koffer.
FP 3: Drei Pfoten stehen im Koffer.
FP 4: Vier Pfoten stehen im Koffer.
3. Steht Ihr Hund mit allen vier Pfoten im Koffer, locken Sie ihn mit einem Leckerchen ins Liegen. Führen Sie dazu das Futter von seiner Nase zum Boden.
FP: Sobald Ihr Hund liegt. Wiederholen Sie diesen Schritt, bis Ihr Hund in den Koffer geht und sich selbstständig hinlegt.
4. Wiederholen Sie Schritt 3. Locken Sie Ihren liegenden Hund nun mit Futter an den Kofferrand, dort soll er den Kopf auflegen.
FP ab jetzt immer: Sobald er liegt, mit dem Kopf auf dem Kofferrand.
5. Wie Schritt 4, locken Sie ihn aber nun mit der leeren Hand. Sobald Ihr Hund im Koffer mit allen vier Pfoten steht: **CL/MW**.
6. Halten Sie den Deckel des Koffers jetzt nur so weit offen, dass Ihr Hund noch einfach hineinklettern kann.
CL/MW ab jetzt immer: Sobald er durch den Schlitz in den Koffer klettert
7. Schon bevor Ihr Hund in den Koffer geht, verkleinern Sie den Schlitz bei jedem Versuch um ein kleines Stück. Ihr Hund soll den Deckel zur Seite schieben, um hineinzuklettern.
8. Legen Sie den Deckel jetzt lose auf. Wiederholen Sie diesen Schritt solange, bis Ihr Hund den Deckel vor dem Einsteigen selbst nach oben schiebt, um in den Koffer zu gelangen.

▸ Mutig ist Peanut in den Koffer gekrabbelt.

AH!

Da will ich rein!

Bei diesem Trick kommt es darauf an, dass Ihr Hund selbstständig in einen engen Gegenstand geht, nach dem Motto: „Weg mit dem Deckel, ich muss da rein." Er soll lernen, den Deckel mutig zur Seite zu schieben.

Neugierde wecken!

Neugierig sein macht Spaß, mutig und schlau. Und es macht das Training leichter. Fördern Sie die natürliche Neugier Ihres Hundes, da haben Sie beide was davon!

Jeder Hund ist anders. Deshalb ist es wichtig, die individuellen Bedürfnisse auch Ihres kleinen Freundes zu beachten.

Individuelle Trainingsschritte

Planen Sie im Training die einzelnen Schritte so, dass Ihr Hund sich **sicher fühlt** und nicht überfordert wird. Vermeiden Sie daher Situationen, die ihn erschrecken könnten.

Beispiel Wackelbrett: Federn Sie anfangs allzu starkes Wackeln beim Betreten ab, indem Sie Handtücher unterlegen. Zeigt Ihr Zwerg sich mutig, kann der „Wackelgrad" immer weiter erhöht werden. Denn wenn Ihr Hund sich während des Trainings sicher fühlt, wird er sich immer leichter an neue Aufgaben herantrauen – und Spaß dabei haben.

Kleine Aktivitäten belohnen

Bestätigen Sie selbst kleinste Aktivitäten Ihres Hundes. Schaut er den neuen Gegenstand neugierig an? Belohnen Sie das! Es ist der erste Schritt in die richtige Richtung. Und Ihr Hund wird den neuen Gegenstand mit einem positiven Gefühl verbinden, was ihn wiederum mutiger werden lässt. Vielleicht traut er sich

Gestalten Sie die Aufgaben so kleinschrittig, dass Ihr Hund zu jeder Zeit mit Spaß mitarbeitet.

Spezial

anschließend schon, einen Schritt auf den Gegenstand zuzugehen. Achten Sie auf diese kleinen **Fortschritte** und belohnen Sie im richtigen Moment!

Selbst erkunden lassen

Lassen Sie Ihren Hund neue und für ihn unheimliche Gegenstände langsam erkunden. Haben Sie **Geduld** dabei. Ihn dabei mit Futter in eine bestimmte Position zu locken, ist nicht immer sinnvoll. Denn beim Futterlocken nehmen Hunde ihre Umwelt oft nicht wahr und folgen wie mit Scheuklappen nur dem Futter. Das kann dazu führen, dass sie zu schnell in ungewohnte Situationen hineingeführt werden und diese künftig meiden.

Beispiel Wackelbrett: Sie locken Ihren Kleinen mit Leckerchen auf das Brett. Er folgt gierig dem leckeren Happen in Ihrer Hand, ohne darauf zu achten, wohin er geht. Auf dem Brett angekommen, könnte er von dem wackeligen Untergrund völlig überfordert sein, vielleicht sogar Panik bekommen. Besser ist es, ihn den Gegenstand selbst erkunden zu lassen.

Kurz üben – oft belohnen

Kopfarbeit ist höchst anstrengend für Hunde. Trainieren Sie deshalb in kurzen Einheiten: Ein bis zwei Minuten sind völlig ausreichend.

Achten Sie auch auf die Belohnungsrate. Je mehr **positive Rückmeldungen** Ihr Vierbeiner von Ihnen bekommt, umso mehr wird er sich anstrengen. Bei einem Training von einer Minute sollte Ihr Hund zwischen zehn und fünfzehn Rückmeldungen erhalten, z. B. in Form von kleinen Futterstücken oder motivierenden Worten.

Ihr Hund vertraut Ihnen und wächst mit jeder Übung über sich hinaus.

TIPP

Nach Stoppuhr üben

Eine Stoppuhr kann Ihnen dabei helfen, den Überblick über die Trainingsdauer zu behalten. Die kurzen Einheiten werden so zu etwas ganz besonderem für Ihren Zwerg und er bleibt motiviert und mit ganzem Eifer dabei.

Becherspiel

Übung

Das Spiel

Sie halten Ihrem Hund einen Becherstapel vor die Nase, er zieht dann den jeweils obersten Becher heraus.

Was Sie dafür brauchen:
› Mehrere Becher mit breitem Rand, z. B. aus Pappe
› Große Leckerchen

Vorbereitung:
› Legen Sie ein Leckerchen in einen Becher und stellen Sie den anderen Becher locker hinein. Lassen Sie Ihren Hund dabei zuschauen, dann haben Sie garantiert seine Aufmerksamkeit!

Schritt für Schritt

Der Futterpunkt **FP** für alle Schritte: aus dem Becher. Nehmen Sie dazu, wenn nötig, den obersten Becher hoch, Ihr Vierbeiner darf dann seine Belohnung nehmen.

1. Nehmen Sie einen Finger zwischen die Becher, damit die Ränder ca. 2 cm Abstand haben. Halten Sie Ihrem Hund den Becher vor die Nase. Sobald die Hundeschnauze in die Nähe des Bechers kommt: CL/MW.
2. Wiederholen Sie Schritt 1. Sobald die Hundeschnauze den Becher berührt: CL/MW.
3. Wiederholen Sie Schritt 1. Sobald Ihr Hund mit dem Maul nach dem Becher fasst: CL/MW.
4. Wiederholen Sie Schritt 1. Sobald Ihr Hund den Becher mit dem Maul anhebt: CL/MW.
5. Wiederholen Sie Schritt 1. Sobald Ihr Hund den Becher heraus zieht: CL/MW Glückwunsch!
6. **Für Fortgeschrittene:** Stapeln Sie mehrere Becher und lassen Sie Ihren Hund einen nach dem andern herausziehen.
Sobald Ihr Hund den jeweils obersten Becher herauszieht: CL/MW.

▸ Unter jedem herausgezogenen Becher erwartet Snoopy eine Belohnung.

Auf Händen tragen

Der Trick

Ihr Hund steht mit den Vorderbeinen auf einer Hand und mit den Hinterbeinen auf Ihrer anderen, während er vom Boden abhebt.

Was Sie dafür brauchen:
› 2 Pfotentargets
› Leckerchen
› 1 Hilfsperson

Schritt für Schritt

1. Locken Sie Ihren Hund mit einem Leckerchen so in Position, dass er mit den Hinterpfoten auf einem Target steht.
   FP: Wenn Ihr Hund mit beiden Hinterpfoten auf dem Target steht.
2. Legen Sie Ihre linke Hand mit der Handfläche nach oben auf den Boden und stellen Sie das Target auf Ihre Hand. Die Hilfsperson lockt den Hund mit Leckerchen auf das Target. Führen Sie ein Signal ein.
   FP: Wie bei Schritt 1.
3. Halten Sie Ihrem Hund die leere ausgestreckte Hand hin (jetzt ohne Target) und geben Sie das Signal. Üben Sie diesen Schritt mehrmals.
   Sobald Ihr Hund mit beiden Hinterpfoten auf der Hand steht: CL/MW.
   FP: Beide Pfoten stehen auf der Hand.
   Beachten Sie: Führt Ihr Hund die Übung flüssig aus, festigen Sie das Verhalten durch weitere Wiederholungen und bewegen Sie dabei Ihre Hand leicht. Klappt es nicht, wiederholen Sie Schritt 2.
4. Nehmen Sie für die Vorderpfoten nun das andere Target und gehen Sie so vor wie bei Schritt 1 bis 3.
5. Setzen Sie das Verhalten von Vorder- und Hinterpfoten zusammen. Lassen Sie Ihren Hund mit den Hinterpfoten auf die rechte Hand gehen und mit den Vorderpfoten auf die linke. Sobald Ihr Hund mit allen vier Pfoten auf Ihren Händen steht: CL/MW.
   FP: Hilfsperson füttert Ihren Hund kurz nach dem MW auf Ihren Händen.
6. Wiederholen Sie Schritt 5. Doch nun bewegen Sie Ihre Hände immer etwas mehr und heben Sie immer ein klein wenig höher an.
   Wenn Sie Ihre Hände anheben: CL/MW.

▶ Zunächst lernt Ihr Hund, mit den Hinterbeinen auf einem Target zu stehen.

▼ Ihr Hund hebt auf Ihren Händen ab – eine schöne Vertrauensübung.

Übung

Kuckuck

Der Trick

Die Vorderpfoten Ihres Hundes stützen sich an Ihrem Arm ab, während seine Nase unter Ihrem Arm hervorschaut.

Was Sie dafür brauchen:
› Leckerchen

Schritt für Schritt

1. Halten Sie Ihren Arm eine Handbreit über dem Boden vor Ihren Hund. Locken Sie ihn mit Futter so auf Ihrem Arm, dass er eine Vorderpfote über Ihren Arm legt.
   FP: Wenn die Pfote auf dem Arm liegt.
   Tipp: Kann Ihr Hund „Pfötchen geben"? Dann halten Sie Ihren Arm vor Ihren Hund und geben Sie ihm das Signal für den Trick.
2. Wiederholen Sie Schritt 1. Hält Ihr Hund nun seine linke Pfote über Ihren Arm? Dann halten Sie ein Leckerchen rechts schräg vor seine Nase, sodass er sein Gewicht auf die linke Pfote verlagert und seine rechte Pfote vom Boden abhebt.
   FP: Während die rechte Pfote sich bewegt.
   Beachten Sie: Beginnt Ihr Hund mit der rechten Pfote? Dann halten Sie das Leckerchen links und belohnen die Bewegung der linken Pfote.
3. Wiederholen Sie Schritt 2 und locken Sie Ihren Hund nun schrittweise weiter, bis auch die zweite Pfote über ihrem Arm liegt.
   FP: Während beide Pfoten auf Ihrem Arm liegen.
4. Liegen die Vorderpfoten Ihres Hundes sicher auf Ihrem Arm? Dann führen Sie das Leckerchen unter Ihrem Arm herum zu seiner Nase. Von hier aus locken Sie seine Nase schrittweise weiter nach unten, bis er unter Ihrem Arm herausschaut – die Pfoten auf Ihrem Arm.
   FP 1: Hinter Ihrem Arm, wo sich seine Nase befindet.
   FP 2: 1 cm unterhalb von FP 1.
   FP 3: 2 cm unterhalb von FP 2 usw.
   Beachten Sie: Wenn Ihr Hund die Pfoten vom Arm nimmt, machen Sie eine kurze Pause und starten erneut bei Schritt 2.
5. Führen Sie ein Signal ein, z. B. „Kuckuck".

▶ Pfoten oben, Kopf unten – so sieht Hundegymnastik aus.

Fuß-Taxi

Der Trick

Ihr Hund steht mit den Vorderpfoten auf Ihrem einen Fuß und mit den Hinterpfoten auf dem anderen, während Sie gehen.

Was Sie dafür brauchen:
› 1 Paar Schuhe
› Leckerchen

Schritt für Schritt

Vorübung: Der Pfotentarget (siehe Seite 24) ist keine Voraussetzung, damit geht es aber meist leichter.

Vorder- und Hinterpfoten zu koordinieren erfordert viel Konzentration

1. Stellen Sie einen Schuh auf den Boden und locken Sie Ihren Hund mit Leckerchen so in Position, dass er mit den Vorderpfoten seitlich auf dem Schuh steht.
   FP: Sobald die Vorderpfoten auf dem Schuh stehen.
2. Locken Sie Ihren Hund nun mit den Hinterpfoten auf einen Schuh.
   FP: Sobald die Hinterpfoten auf dem Schuh stehen.
3. Stellen Sie die Schuhe passend zur Körperlänge Ihres Hundes auf. Locken Sie ihn nun auf beide Schuhe, diesmal ohne Futter in der Hand.
   Sobald er mit den Vorderpfoten auf einem und mit den Hinterpfoten auf dem anderen Schuh steht: CL/MW.
   FP: In der Position vom CL/MW.
   Ziehen Sie jetzt Ihre Schuhe an.
4. Wiederholen Sie Schritt 1.
5. Wiederholen Sie Schritt 2.
6. Wiederholen Sie Schritt 3.
7. Fangen Sie langsam an, Ihre Füße zu bewegen und steigern Sie die Bewegungen behutsam, bis Sie mit dem Hund auf Ihren Schuhen einige Schritte laufen können.
   Bei der ersten Bewegung: CL/MW.
   FP: Ihr Hund steht sicher auf Ihren Schuhen.

▸ Beim Fuß-Taxi laufen Sie und Ihr Hund hält die Balance.

Tricks & Spiele für draußen

Suchen und finden

Die Hundenase ist im Gegensatz zur menschlichen unglaublich leistungsstark. Vieles von dem, was wir nur über unserer Augen wahrnehmen können, erfassen Hunde zusätzlich mit ihrer Nase.

Kein Wunder also, dass unsere Vierbeiner so gerne schnüffelnd die Welt erkunden. Diese Fähigkeit können Sie zu Ihrem Vorteil einsetzen, indem Sie Ihren Hund nach bestimmten Dingen, z. B. einem Schlüsselbund, suchen lassen. So finden Sie mit seiner Hilfe garantiert schnell Ihre verlorenen Dinge wieder – und Ihr Hund ist nach getaner Arbeit ausgeglichen und glücklich.

Bevor die Suche losgeht, darf sich Bömmel die Kiste genau anschauen.

Suchen und finden

So sucht er richtig

Bringen Sie Ihrem Hund bei, in einem begrenzten Gebiet nach einem Gegenstand zu suchen, etwa nach einer kleinen Kiste. Die Herausforderung: Sie verstecken die Kiste ohne Spuren zu hinterlassen, so wird es für Ihren Hund besonders **spannend**!

Dazu brauchen Sie eine kleine Kunststoffdose, etwa eine Lunchbox. Der Deckel sollte sich sicher verschließen lassen. Schneiden Sie zudem einige Riechlöcher in den Deckel.

Schritt 1: Die gefüllte Kiste suchen

Legen Sie besonders schmackhaftes Futter in die Kiste, z. B. Fleischwurst. Schließen Sie die Kiste und lassen Sie Ihren Hund daran riechen. Leinen Sie ihn an und werfen Sie die Kiste vor seinen Augen ein paar Meter weit weg. Geben Sie Ihrem Hund ein **Startsignal**, z. B. „Such" und leinen Sie ihn ab. Läuft er zur Kiste, öffnen Sie sie und lassen Sie ihn das Futter daraus fressen.

Steigern Sie nach und nach den Schwierigkeitsgrad. So muss Ihr Hund sich neu orientieren, wenn Sie ihn sich vor dem Start im Kreis drehen lassen oder Sie nach dem Werfen einige Meter laufen, damit er von einer anderen Stelle aus mit der Suche startet. Sie können die Kiste auch von einer Hilfsperson verstecken lassen oder Sie an unterschiedliche Stellen werfen, z. B. auf dem Spaziergang in eine hohe Wiese.

Schritt 2: Die leere Kiste suchen

Damit Ihr Hund nicht nur bei Futtergeruch in den Arbeitsmodus kommt, lassen Sie ihn nun nach der leeren Kiste suchen.

Nehmen Sie ihn wieder an die Leine, zeigen Sie ihm die Kiste und werfen Sie sie ein paar Meter vor Ihren Hund. Geben Sie das Startsignal für die Suche. Läuft Ihr Hund zur Kiste, sagen Sie sein Markerwort bzw. loben ihn, gehen zu ihm hin und legen ihm ein Leckerli auf die Kiste.

Sucht und findet Ihr Hund die Kiste, können Sie den **Schwierigkeitsgrad** langsam steigern: Diese Übung muss für Ihren Hund nie langweilig werden, Sie brauchen nur etwas Fantasie: Lassen Sie ihn die Kiste doch z. B. in einem Wassernapf, unter Schnee oder unter Blättern erschnüffeln.

Schritt 3: Andere Gegenstände suchen

Mit dem gleichen Aufbau können Sie Ihrem Hund auch beibringen, gezielt nach anderen Dingen zu suchen. Oder Sie befestigen die Schnüffeldose an Ihrem **Schlüsselbund** oder an einem anderen für Sie wichtigen Gegenstand, den Ihr Hund bei Verlust wiederfinden soll.

> **TIPP**
>
> **Selbstständig suchen**
>
> Findet Ihr Hund das Suchobjekt nicht, beginnen Sie die Übung erneut. Helfen Sie ihm nicht auf die richtige Fährte, denn er soll selbstständiges Suchen lernen. Bei einer echten Verlorensuche können Sie ihm auch nicht helfen, denn Sie wissen ja selbst nicht, wo der Gegenstand ist.

Eine runde Sache: Ballspiele

Ballspiele sind bei den meisten Hunden sehr beliebt: Ihre Augen leuchten und sie machen sich schon bereit zum Sprung, wenn sie einen Ball auch nur erblicken.

Verstecken Sie den Ball in einem Gebüsch oder Baum – so wird die Suche gleich viel anspruchsvoller.

Tipps vorab

Damit der Mensch bei dem Spiel nicht zu einer Ballmaschine wird und Sie sich womöglich einen Balljunkie heranzüchten, der seine Umwelt nicht mehr richtig wahrnimmt, sollten Sie das Spiel so abwechslungsreich wie möglich gestalten. Das ist ganz einfach – und manche der Ballspiele sind sogar drinnen möglich.

1. Einfach verstecken

Ganz automatisch wird das Ballspiel zu einem Suchspiel, wenn Sie den Ball ins hohe Gras werfen. Um Ihrem Hund das Suchen noch schwerer zu machen, können Sie den Ball auch in ein Gebüsch stecken und wenn er eine Kordel hat, auch daran aufhängen. So lernt Ihr Hund, auch dreidimensional zu suchen.

2. Unter oder in Gegenständen verstecken

Einen Ball mit Schnur können Sie z. B. unter einen Zaun, unter einen Schrank oder in einen Karton (schneiden Sie vorne eine kleine Öffnung hinein) legen. Oder Sie hängen den Ball in eine Kiste. Wichtig ist: Nur noch die Schnur schaut heraus. Um den Ball zu bekommen, muss Ihr Hund dann an der Schnur ziehen.

3. Tricks mit Ball
Bringen Sie Ihrem Hund bei, den Ball festzuhalten (siehe Seite 30). Sobald das klappt, können Sie ihn mit Ball im Maul verschiedene Tricks machen lassen, z. B. sich im Kreis zu drehen oder Männchen zu machen.

4. Mehrere Bälle
Fördern Sie die Merkfähigkeit Ihres Hundes, indem Sie vor ihm zwei Bälle in unterschiedliche Richtungen werfen und ihn nacheinander beide Bälle apportieren lassen.

5. Schwimmen
Lassen Sie ihn den Ball aus flachen Gewässern apportieren. Ein schöner und erfrischender Spaß für den Sommer.

6. Aus Wasserschüssel angeln
Versenken Sie einen nicht schwimmfähigen Ball in einer Wasserschüssel und Ihr Hund darf ihn „hervorblubbern".

7. Fangspiel
Bringen Sie Ihrem Hund bei, den Ball aus verschiedenen Positionen heraus zu fangen.

8. Auspacken
Legen Sie den Ball in einen Pappbecher. Ihr Hund muss zunächst den Becher umdrehen oder kaputtreißen, um an den Ball zu gelangen.

9. Verbuddeln
Vergraben Sie den Ball im Sand oder zwischen anderen Gegenständen. Ihr Hund darf ihn wieder hervorzaubern.

Eine Kiste voller Korken ist ein ideales Versteck: Korken sind leicht und lassen sich auch von den ganz Kleinen einfach zur Seite schieben.

10. Aufräumen
Nach dem Spiel kann Ihr Hund selbst für Ordnung sorgen: Lassen Sie ihn den Ball in eine Kiste räumen.

AH!
Der richtige Ball
Schonend für die Hundezähne sind Bälle aus Moosgummi oder Hartgummi. Tennisbälle haben eine ähnliche Wirkung wie Schmirgelpapier und sind deshalb nicht zu empfehlen. Für Fangübungen nehmen Sie anfangs am besten einen leichten, weichen Ball.

Geräuschspiele

Draußen knallen Böller, es scheppert laut oder ein Auspuff knattert – und Ihr Hund schaut Sie nur neugierig und erwartungsvoll an? Das muss kein Wunsch bleiben!

Werden Geräusche konsequent mit positivem Dingen verknüpft, verlieren sie ihre einschüchternde Wirkung auf ihren Hund. Noch besser: Die Geräusche werden für ihn zur Ankündigung von etwas Positivem und lösen statt Angst eine freudige Erwartung aus.

Schreck lass nach

Gassirunden können mit den unterschiedlichsten Geräuschen verbunden sein, da gibt es hupende Autos oder krachende Gewitter. Nicht nur kleine Hunde können sich leicht erschrecken oder Angst bekommen.

Keine Angst mehr

Um einen entspannten Alltag mit Ihrem Vierbeiner zu genießen, müssen Sie diesen Geräuschen aber nicht permanent ausweichen. Bringen Sie Ihrem Hund doch bei, die Geräusche schön zu finden. Auch im Training hat dies Vorteile: Ein **entspannter Hund**, der nicht bei jedem Geräusch zusammenzuckt, kann sich auf die Übung konzentrieren und lernt leichter. Natürlich sollte Ihr Zwerg nicht dauerhaft lauten Geräuschen ausgeliefert sein, üben Sie daher maßvoll.

Immer positiv

Achten Sie als Ergänzung zu den Übungen unbedingt im Alltag darauf, Geräusche nicht als Strafe einzusetzen. Lassen Sie z. B. einen Gegenstand fallen, damit Ihr Hund ein unerwünschtes Verhalten unterbricht, kann sich das negativ auf das Training auswirken und genau zum Gegenteil führen. Besonders bei Hunden, die bereits **ängstlich** sind, kann das eine vorhandene Unsicherheit sogar noch verstärken.

Schritt für Schritt

Bei dieser Übung wird eine negative Emotion durch eine positive ersetzt. Es wird ein ursprünglich Angst auslösender Reiz (Knallgeräusch) mit einem anderen Reiz (Futter) verknüpft, der eine positive Emotion bewirkt: Der Knall soll nach einigen Übungseinheiten zur Ankündigung des Futters werden.

Stresssignale erkennen

Die Geräuschquelle sollte nicht zu dicht beim Hund sein. An der **Körpersprache** Ihres Hundes erkennen Sie, ob er sich wohlfühlt und Sie zum nächsten Schritt übergehen können. Oder ob es besser ist,

Das Lecken der Nase kann ein Stresssignal sein – beobachten Sie die Körpersprache Ihres Hundes gut.

eine Pause einzulegen und die Übung noch einmal von vorne zu beginnen. Körpersignale, z. B. Lecken der eigenen Nase, Gähnen, Blinzeln, Wegdrehen oder Kratzen, können Anzeichen dafür sein, dass Ihr Hund unsicher oder vielleicht sogar überfordert ist.

Beobachten Sie Ihren Zwerg bei der Übung und steigern Sie den Schwierigkeitsgrad nur dann, wenn Sie sicher sind, dass er sich sicher fühlt.

Futterpunkt FP
Füttern Sie Ihren Hund bei dieser Übung immer **entfernt** von der Geräuschquelle. Lassen Sie dafür z. B. ein Leckerchen über den Boden rollen, damit er ihm hinterherjagen kann. So muss sich Ihr Hund nicht näher zum Geräusch hinbewegen und erst gar nicht lange überlegen, ob er sich traut. Denn der mögliche Konflikt „Nehme ich das Futter oder nicht", könnte zu negativen Emotionen führen und den Trainingserfolg verlangsamen oder sogar gefährden.

VORSICHT!

Nichts für Panikhunde
Diese Übungen sind für Hunde mit leichter Geräuschunsicherheit geeignet. Falls Ihr Hund starke Geräuschangst hat, wenden Sie sich unbedingt an einen Hundetrainer.

Ein leises Knallgeräusch können Sie erzeugen, indem Sie Ihre Hand nicht komplett schließen.

Schritt 1
Für diese Übung brauchen Sie eine kleine Papiertüte und Leckerchen, die Ihrem Hund ganz besonders gut schmecken.
Beachten Sie: Die Trainingsschritte sollten unbedingt individuell an Ihren Hund angepasst sein. Ist er eher ängstlich, bauen Sie zusätzlich so viele Zwischenschritte ein, wie es für sein Wohlbefinden nötig ist.
Erzeugen Sie mit der Tüte ein Geräusch, das sich von Übung zu Übung langsam in der Lautstärke steigert. Füttern Sie Ihrem Hund nach jedem Geräusch ein besonderes Leckerchen.

Machen Sie dazwischen eine Pause, sodass er nicht das Futter mit dem nächsten Geräusch verbindet. Gehen Sie nur dann zum nächsten Schritt über, wenn Ihr Hund keine Unsicherheit zeigt (Stresssignale) und sein Futter frisst.

Schritt 2
Die Steigerung des Geräuschs könnte folgendermaßen aussehen:
1. Mit der Papiertüte rascheln.
2. Die Papiertüte aufpusten und die Luft herauslassen.
3. Die Papiertüte aufpusten und sie dann zusammenknuddeln.
4. Die Papiertüte aufpusten und so dagegenhauen, dass die Tüte nicht platzt, sondern nur einen sanften Knall auslöst.
5. Die Papiertüte knallen lassen.

Schritt 3
Verknüpfen Sie doch auch andere Geräusche positiv. Bereitet ein bestimmtes Geräusch Ihrem Hund Angst, können Sie dem jetzt gezielt entgegenwirken. Sie können das mit Angst behaftete Geräusch z. B. mit Ihrem Smartphone aufnehmen und immer wieder abspielen – zunächst ganz leise und die Lautstärke dann langsam steigern. Tipp: Im Internet finden Sie alle möglichen Geräusche für solche Geräuschspiele.

▸ Rudy hat bereits gelernt, dass der Knall ein Leckerchen ankündigt.

Leckerlis für kleine Hunde

Mit leckeren Happen macht den Zwergen das Training noch mehr Spaß. Besonders gut schmecken sie, wenn sie aus Frauchens oder Herrchens Küche kommen.

Warum Leckerchen?

Mit Leckerchen können Sie Ihren Hund motivieren, lustige und nützliche Dinge auszuführen. Auch wenn er zunächst nicht versteht, warum es sinnvoll ist, sich z. B. seine Pfoten an einer Fußmatte abzuputzen: Ein Verhalten, das sich für Ihren Vierbeiner lohnt, wird er häufiger zeigen. Das hat die Natur so ganz schön clever eingerichtet. Und das gilt übrigens nicht nur für Hunde, sondern auch für deren Menschen.

Ideales Futter

Die ideale Futterbelohnung ist klein, weich und lecker. Das Futter soll vom Training nicht ablenken. Deshalb ist es hilfreich, wenn Ihr Hund das Futter schnell **herunterschlucken** kann und nicht erst noch fünf Minuten darauf herumkauen muss.

Während des Trainings wird nicht mit Leckereien gespart. Doch gerade ein kleiner Hund kann schnell aus der Form geraten und futsch ist die Idealfigur. Für die schlanke Linie empfiehlt es sich, kalorienarme Leckereien zu verwenden und das Trainingsfutter von der Tagesration abzuziehen.

Was Sie dafür brauchen:
- 45 g gekörnte Gelatine, gibt's bei den Backzutaten
- 250 g gekochtes Rinderhackfleisch
- 250 g gekochtes Gemüse, z. B. Kartoffeln, Pastinaken, Kürbis, Süßkartoffeln
- 500 ml Kochbrühe von dem Fleisch

So geht's:
1. Gelatine laut Packungsbeilage vorquellen lassen.
2. Alle Zutaten heiß pürieren.
3. Zutaten in eine Kastenform füllen, abkühlen lassen und über Nacht in den Kühlschrank stellen.
4. Am nächsten Tag in kleine Stücke schneiden.

TIPP

Immer Leckerlis parat haben

Frieren Sie die nicht verwendenden Leckerchen portionsweise ein. Dann können Sie sie nach Bedarf auftauen.

Spezial

Alternative: Variieren Sie den Geschmack. Verwenden Sie statt Rinderhackfleisch z. B. Hühnchen- oder Putenfleisch – ganz nach Belieben Ihres Vierbeiners!

Aufbewahrung: Im Kühlschrank ca. 3 bis 4 Tage haltbar. Bei Wärme, z. B. in Ihrer Hosentasche, können die Leckerchen leicht aufweichen.

„Lecker! Wann geht's endlich los mit dem Training?"

Übung
Sprungslalom

Der Trick

Ohne Zubehör überall spielen können? Das geht ganz einfach, wenn Sie ein Bein anwinkeln und Ihr Hund hindurchhüpft.

....

Was Sie dafür brauchen:
› Leckerchen

....

Weisen Sie Ihrem Hund mit einem Leckerchen den Weg.

Schritt für Schritt

1. Stellen Sie Ihr rechtes Bein angewinkelt auf den Boden: Dabei berühren die Zehen den Boden, die Ferse berührt den Unterschenkel des linken Beins.
2. Locken Sie Ihren Hund mit einem Leckerchen in Ihrer linken Hand an Ihre rechte Seite, und anschließend durch Ihr rechtes Bein durch. Schauen Sie in die Richtung, in die Ihr Hund springen soll.
   FP: Anschließend auf dem Boden.
3. Locken Sie Ihren Hund nun mit der leeren linken Hand durch Ihr rechtes Bein.
   Beim Sprung durch das Bein: **CL/ MW**.
   FP: Auf dem Boden.
   Wiederholen Sie das mehrmals und verringern Sie nach und nach den Einsatz der Lockhand.
4. Üben Sie die Schritte 1–3 nun seitenverkehrt, indem Sie Ihr linkes Bein anwinkeln.
5. Lassen Sie Ihren Hund nun abwechselnd durch das rechte und linke Bein springen und gehen Sie nach jedem Sprung einen Schritt mit dem angewinkelten Bein nach vorne.

▸ Freudig springt die Malteser-Hündin durch die Beine.

Armreif

Übung

Der Trick

Ist immer und überall möglich: Sie bilden mit Ihren Armen einen Kreis und Ihr Zwerg springt durch.

Was Sie dafür brauchen:
› Leckerchen
› Antirutschboden, z. B. eine Wiese
› Eine Begrenzung, z. B. eine Wand, einen dicken Baum etc.

Beim Aufbau des Tricks hilft eine räumliche Begrenzung, etwa durch einen Baum.

Schritt für Schritt

1. Halten Sie Ihren rechten Arm knapp über den Boden und berühren Sie mit den Fingern die Begrenzung. Mit einem Leckerchen in der linken Hand locken Sie Ihren Hund über Ihren rechten Arm.
   FP für alle Schritte: Werfen Sie das Futter in Laufrichtung vor Ihren Hund.
   Wiederholen Sie das mehrmals und halten Sie Ihren Arm jeweils etwas höher. Ihr Hund soll aber immer noch bequem springen können.
2. Wie Schritt 1, jedoch mit der leeren Lockhand (Handtarget).
   Während Ihr Hund über Ihren Arm springt: **CL/MW**.
3. Jetzt wird der Sprung durch die Arme geübt. Führen Sie Ihre linke Hand in etwa 5 Schritten zur rechten, bis beide Arme einen Kreis bilden.
   Während Ihr Hund durch Ihre Arme springt: **CL/MW**.
4. Üben Sie ohne Begrenzung und lassen Sie Ihren Hund nun an verschiedenen Stellen durch Ihre Arme springen.
   Während Ihr Hund durch Ihre Arme springt: **CL/MW**.

▸ Auch beim Dog Dance ein Hingucker: Der Sprung durch den Arm.

Zwei & Zwei

Der Trick

Ihr Hund steckt freudig seine Nase zwischen Ihren Schuhen hindurch und stellt seine Vorderpfoten auf Ihre Füße.

Was Sie dafür brauchen:
› Leckerchen

Schritt für Schritt

1. Stellen Sie sich hin, Ihre Füße ca. 40 cm weit auseinander. Locken Sie Ihren Hund mit einem Leckerchen hinter Ihre Beine. Gehen Sie nun in kurzen Schritten nach vorne und legen Sie bei jedem Schritt ein Leckerchen hinter Ihre Beine, Ihr Hund darf es sich holen: So folgt Ihr Hund Ihnen und hat Ihre Fersen im Blick.
2. Ist Ihr Hund hinter Ihnen, stellen Sie bei jedem Schritt die Beine enger zusammen. Legen Sie das Futter dabei immer etwas weiter nach vorne, sodass er sich bald durch Ihre Beine schlängeln muss. Ihr Hund soll selbstbewusst Ihre Beine zur Seiten drücken nach dem Motto: „Weg mit den Beinen, ich muss hier durch".
   Beachten Sie: Stellen Sie die Beine nur enger zusammen, wenn Ihr Hund hinter Ihnen und nicht, wenn er zwischen Ihren Beinen ist. Sonst könnte er Angst bekommen.
3. Passt Ihr Hund gerade noch hindurch, legen Sie ein Leckerchen zwischen Ihre Beine und füttern ein zweites aus Ihrer Hand.
4. Wiederholen Sie Schritt 3 mit zusammengestellten Füßen. Mit dem zweiten Leckerchen locken Sie Ihren Hund durch Ihre Beine auf Ihre Schuhe.
   FP: Während er auf Ihren Schuhen steht.

Alternative: Übungsaufbau wie beim Pfotentarget (siehe Seite 24).

Weitere Übung: Bringen Sie Ihren Hund bei, mit den Vorderpfoten auf Ihren Schuhen zu stehen, während Sie kleine Schritte machen.

▸ „Sehe ich nicht süß aus?"

Keine Angst vor langen Beinen: Beim Üben lernt Ihr Hund, sich zwischen Ihre Füße zu drängeln.

Übung

Umlaufbahn

Der Trick

Sie können Ihren Hund um jedes beliebige Objekt schicken, z. B. einen Baum, einen Pfosten, einen umgedrehten Eimer etc.

Was Sie dafür brauchen:
› Leckerchen
› 3 Pfotentargets

Schritt für Schritt

Vorübung: Pfotentarget (siehe Seite 24).
1. Legen Sie einen Target vor Ihren Hund und lassen Sie ihn hinlaufen.
   Sobald die Pfote das Target berührt: CL/MW.

Mit Pfotentargets lernt Ihr Hund ganz leicht, um ein Objekt herumzulaufen.

FP: Während die Pfote auf dem Target steht.
2. Legen Sie einen zweiten Target ca. 1 Meter neben den ersten. Üben Sie damit wie in Schritt 1.
3. Legen Sie einen dritten Target dazu und üben Sie mit diesem wie in Schritt 1.
4. Legen Sie die Targets an verschiedene Punkte auf den Boden. Schicken Sie Ihren Hund von einem Target zum nächsten.
   Sobald die Pfote auf dem Target steht: CL/MW.
   FP: Futter auf das Target legen.
5. Legen Sie die Targets im Halbkreis z. B. um einen Baum. Schicken Sie Ihren Hund von einem Target zum nächsten. Auf dem letzten Target: CL/MW.
   FP: Bei Ihnen.
6. Bauen Sie nun nach und nach die Hilfe durch die Targets ab, z. B. mit immer kleineren Targets.
   Tipp: Verwenden Sie Bierdeckel als Pfotentargets, die können Sie in immer kleinere Stücke schneiden. Zwischen den Targets: CL/MW.
   FP: Bei Ihnen.
7. Führen Sie ein Signal, z. B. „Zirkel".

▸ Rusty läuft von Target zu Target um den Baum herum.

Übung
Elefantendrehung

Der Trick

Zirkusreif: Der Hund steht mit den Vorderbeinen auf einem Podest und läuft mit den Hinterbeinen außen um den Podest herum.

Was Sie dafür brauchen:
- Leckerchen
- 1 stabiles Podest, passend zur Größe des Hundes

Bei der Elefantentdrehung bekommt Ihr Hund eine gute Hinterhandmuskulatur.

Schritt für Schritt

1. Locken Sie Ihren Hund mit Leckerchen auf ein stabiles Podest.
   FP: Sobald eine Vorderpfote auf dem Podest steht.
   Nach und nach locken Sie ihn weiter, bis beide Vorderpfoten auf dem Podest stehen.
2. Stellen Sie sich Ihrem Hund gegenüber hin, halten Sie ein Leckerchen vor seine Schnauze und ziehen Sie es etwas nach rechts.
   FP: Sobald er mit seinem Kopf Ihrer Hand folgt.
3. Wiederholen mehrmals Schritt 2 und locken Sie Ihren Hund Schritt für Schritt weiter in eine Richtung. Gehen Sie mit, sodass Sie ihm immer gegenüber sind.
   FP: Während er seine Hinterbeine bewegt.
4. Locken Sie Ihren Hund im nächsten Schritt nur noch mit der leeren Hand oder einem Targetstab.
   Wenn Ihr Hund seine Hinterbeine bewegt: **CL/MW**
   FP: In Bewegung.

Weiterführende Übung: Klappt die Drehung in eine Richtung, können Sie den Richtungswechsel üben. Das macht Spaß und sorgt für gleichmäßiges Muskeltraining.

▶ Stolz präsentiert Tobi die Drehung.

Pyramide

Der Trick

Sie auf allen Vieren – und oben thront Ihr kleiner Freund. Für ihn ist das sicher angemessen. Und für alle anderen lustig.

Was Sie dafür brauchen:
› Leckerchen
› 1 Hilfsperson

Wichtig: Schützen Sie Ihren Rücken, damit Sie nicht durch die Hundekrallen verletzt werden: Ziehen Sie z. B. einen dicken Pullover an und/oder legen Sie ein Handtuch oder ein Stück Karton unter Ihr Oberteil.

Vorbereitung:
› Für Hunde, die es gewohnt sind auf Gegenstände zu springen, ist dieser Trick leichter. Üben Sie das beim Spaziergang, z. B. mit Baumstümpfen.

Eine Hilfsperson lockt Rusty auf den Rücken.

Schritt für Schritt

1. Legen Sie sich mit dem Bauch auf den Boden, während eine Hilfsperson Ihren Hund mit einem Leckerchen auf Ihren Rücken lockt.
   FP für alle Schritte: Auf Ihrem Rücken.
2. Stellen Sie sich jetzt auf alle Viere. Die Hilfsperson lockt Ihren Hund mit Futter auf Ihren Rücken.
3. Die Hilfsperson lockt Ihren Hund ohne Leckerchen auf Ihren Rücken.
   Auf Ihrem Rücken: **CL/MW**.
4. Nun locken Sie Ihren Hund selbst mit Futter auf Ihren Rücken.
5. Sie locken Ihren Hund mit der leeren Hand ohne Futter auf Ihren Rücken.
6. Führen Sie ein Signal ein.

Weiterführende Übung: Ihr Hund kann jetzt auf Ihren Rücken springen? Dann machen Sie doch mehr daraus: Richten Sie sich langsam auf und üben Sie mit Ihrem Hund, über Ihre Schulter zu gucken. Aber bitte aufpassen, dass er dabei nicht herunterfällt!

▸ Stolz erkundet der Rüde die Umwelt von oben.

Mini-Sport & mehr

Was kleine Hunde alles können

Kleine Hunde können genauso aktiv sein wie große. Viele sind wendig, flink, schnell und vor allem begeisterungsfähig – ihr Spaß ist ansteckend.

Die Top 3 für Minis

Ob springen und balancieren beim Agility, schnüffeln bei der Nasenarbeit oder tanzen beim Dog Dancing, diese Beschäftigungen sind die Top 3 der beliebtesten Hundehobbys, auch für Ihren kleinen Liebling. Und das Beste daran: Sie können sie gemeinsam ausüben und immer wieder variieren.

Schnell läuft Luna durch den Tunnel und wartet auf ein neues Signal von Frauchen.

Agility

Beim Agility sind Sie zusammen mit Ihrem Hund aktiv. Während er einen Parcours mit unterschiedlichen Hindernissen durchläuft, laufen Sie mit und dirigieren ihn mit Stimme und Körpersprache zum nächsten Hindernis. Die Parcours sind immer anderes zusammengestellt. Ziel ist, dass der Hund die Hindernisse ohne Pause in der vorgeschriebenen Reihenfolge überwindet.

Im **Parcours** springen Hunde über Hürden und durch Reifen. Sie laufen Slalom um Holzstäbe, krabbeln durch Tunnel, klettern über eine A-Wand und balancieren über eine Wippe und einen Laufsteg. Die Hindernisse können so eingestellt werden, dass auch kleine Hunde einen Parcours meistern.

Gesunde Hunde ab etwa einem Jahr können mit Agility beginnen, wobei Sie schon Ihren Welpen z. B. spielerisch durch Tunnel laufen lassen können.

Vereine und Hundeschulen bieten Agility-Training an und je nach Wunsch die Möglichkeit, an Turnieren teilzunehmen. Sie können den Sport mit Ihrem kleinen Hund z. B. auch zu Hause im Wohnzimmer, im Garten oder auf einem Spaziergang ausüben. Wie das geht, lesen Sie ab Seite 84.

Dog Dance

Beim Dog Dance werden erlernte Kunststücke zu einer Choreographie zusammengesetzt und das alles passend zu einem Musikstück. Sie selbst **tanzen** oder gehen dazu im Takt der Musik und zeigen Ihrem Hund durch möglichst unauffällige Gesten den nächsten Schritt an. Der Schwierigkeitsgrad kann dabei immer weiter gesteigert werden: Längere Choreographien, anspruchsvollere Tricks sowie unterschiedliche Umgebungen lassen den Sport nie langweilig werden.

Das Schöne an diesem Sport: Er ist für jeden Hund geeignet! Es können schon Welpen oder auch Hunde mit Handicap Dog Dance machen, denn die einzelnen Tricks lassen sich an die individuellen Voraussetzungen jeden Hundes anpassen.

Vereine und Hundeschulen bieten Dog Dance an. Da der Sport überall umgesetzt werden kann und Geräte und ein Hundeplatz nicht erforderlich sind, können Sie auch im Wohnzimmer oder unterwegs mit Ihrem Hund tanzen. Ideen für Choreographien finden ab Seite 90.

Fährtenarbeit/Flächensuche

Bei der Fährtenarbeit verfolgt der Hund eine Fährte, die zuvor vom Menschen gelegt wurde. Hierbei orientiert sich die **Hundenase** z. B. an der beschädigten Erdoberfläche oder zertretenen Pflanzen. Diese Art der Arbeit fällt unseren Hunden nicht schwer, denn es ist ihnen angeboren, mit der Nase einer Fährte zu folgen.

Bei der Flächensuche wird eine bestimmte Fläche nach einem Gegenstand abgesucht, der vom Menschen dort hinterlassen wurde und vom Hund angezeigt werden soll.

Mit Ihrem Hund tanzen können Sie überall.

Jeder Hund hat die Veranlagung, mit seiner Nase Fährtenarbeit oder Flächensuche zu betreiben. Vereine und Hundeschulen bieten entsprechende Nasenarbeit an. Dies ist aber keine Voraussetzung. Auch privat können Sie Ihren Hund artgerecht auslasten und selbst für ihn Fährten legen oder Gegenstände verstecken. Wie das geht, steht auf den nächsten beiden Seiten.

TIPP

Fit für Sport

Sie wollen mit Ihrem Zwerg aktiver werden? Bevor Sie ihn mehr als sonst fordern, sollten Sie ihn vom Tierarzt durchchecken lassen. Er kann Ihnen sagen, ob Ihr Kleiner fit für alles ist oder Sie das Sportprogramm an seine Leistungsfähigkeit anpassen müssen.

Kleine Nase ganz groß

Fährtensuche ist Hochleistungssport für Nase und Gehirn und eine ganz natürliche Sache für jeden Hund. Vorteil für Kleine – ihre Nase ist dichter am Boden.

Mit ein klein wenig Vorbereitung können Sie Ihrem Zwerg tolle Fährten legen. Passen Sie die Fährten dem Trainingsstand und der Ausdauer Ihres Hundes an. So stellen sich schnell Erfolgserlebnisse ein. Bei diesen Suchübungen wird Ihr Hund am Geschirr und an einer langen Leine geführt.

Sprühfährten

Was Sie dafür brauchen:
› 1 saubere Sprühflasche, je zur Hälfte gefüllt mit Leitungs- und Würstchenwasser (Sud aus Würstchengläsern).
› Leckerchen
› 1 Stück Wurst

Sprühfährten mit Würstchenwasser können Sie schnell und einfach vorbereiten.

Konzentriert verfolgt Leni die Spur.

Vorbereitung: Markieren Sie auf einer Wiese einen Startpunkt und sprühen Sie von dort aus einen etwa 15 Meter langen Weg mit der Sprühflasche. Lassen Sie auf diesem Weg alle paar Schritte ein Leckerchen fallen. Legen Sie das Wurststück an das Ende der Fährte. Lassen Sie Ihren Hund zu Beginn ruhig zuschauen, wie Sie die Fährte sprühen.

Los geht's

Gehen Sie mit Ihrem Hund zum Startpunkt und lassen Sie ihn an der langen Leine selbstständig die Spur verfolgen. Geben Sie ihm kurz vor dem Start immer das gleiche Signal, etwa „Such". Falls Ihr Hund von der Fährte abkommt, bleiben Sie einen Moment stehen und warten, bis er wieder auf dem richtigen Weg ist. Findet er nicht zurück zur Fährte, zeigen Sie ihm, wo sie ist.
Andere Gerüche: Gestalten Sie Sprühfährten abwechslungsreich, indem Sie unterschiedliche Gerüche verwenden.

Schleppfährten

Was Sie dafür brauchen:
› 1 Stück frisch gekochten Pansen (ca. 300 g), alternativ auch Trockenpansen, Würstchen, stinkende Leckerlis, Fleischwurst oder Rindfleisch
› 1 Schnur, 2 m lang

Vorbereitung: Befestigen Sie das Pansenstück an der Schnur. Markieren Sie einen Startpunkt für die Fährte und legen Sie den Pansen dorthin. Nehmen Sie das andere Ende der Schnur in eine Hand und schleifen Sie den Pansen ca. 15 Meter hinter sich her. Suchen Sie sich einen Punkt hinter der Strecke aus, auf den Sie zulaufen, denn so behalten Sie besser die Orientierung. Legen Sie das Pansenstück (ohne Schnur) an das Ende der Fährte. Dann gehen Sie in einem großen Bogen zurück zu Ihrem Hund.

Los geht's

Gehen Sie mit Ihrem Hund zum Startpunkt und lassen Sie ihn die Fährte nun selbstständig absuchen. Helfen Sie ihm nur dann, wenn er die Fährte verloren hat.
Steigerungsmöglichkeiten: Fährtenarbeit ist für Hunde einfach, da sie eine fantastisch funktionierende Nase haben. Deshalb können Sie die Fährtensuche recht bald schwieriger gestalten. Lassen Sie die Fährten länger werden, streuen Sie weniger Leckerchen auf den Weg, bauen Sie Bögen in die Fährte ein und verwenden Sie weniger Sprühwasser. Hat Ihr Zwerg schon einige Fährten erfolgreich abgesucht, lassen Sie ihn einmal alleine schnüffeln, indem Sie am Startpunkt stehen bleiben und ihn ohne Begleitung losschicken. Bestimmt fallen Ihnen noch weitere Steigerungsmöglichkeiten passend für Ihren Hund ein.

> **TIPP**
>
> **Besser ohne Gesellschaft**
> Vermeiden Sie anfangs Ablenkungen beim Suchen. Andere Hunde sollten sich nicht in dem Suchgebiet aufhalten, damit Ihr Zwerg sich auf die Nasenarbeit konzentrieren kann.

Spaß-Parcours im Garten

Gute Laune und eine kleine Wiese reichen schon aus, um mit Ihrem Mini im Garten oder beim Spaziergang erste Agility-Spaß-Übungen zu meistern!

Und mit ein wenig handwerklichem Geschick oder mit günstig zu erwerbenden Gegenständen wie einem Tunnel aus dem Spielzeugladen oder einer Wippe können Sie einen individuellen Parcours für Ihren Vierbeiner zusammenstellen.

Sprünge

Hürden sind der Klassiker beim Agility. Ideal für einen Hindernislauf sind etwa vier bis sechs Hürden.

Was Sie dafür brauchen:
- 8 oder mehr Markierungsscheiben aus dem Fußballzubehör, auf denen Stangen aufgelegt werden können
- 4 oder mehr dünne Kunststoffstangen

Vorbereitung: Passen Sie die Höhe der Hürden der Größe Ihres Hundes an. Für einen kleinen Chihuahua sind beispielsweise schon Stangen ausreichend, die Sie auf den Boden legen und fixieren. Achten Sie darauf, dass sich Ihr Hund nicht verletzen kann, z. B. Stangen leicht abgeworfen werden können.

Los geht´s

Stellen Sie eine Hürde auf, Ihr Hund soll sich ca. 2 Meter vor der Hürde hinsetzen. Laufen Sie nun gemeinsam mit ihm Richtung Hürde und locken Sie ihn mit einem Leckerchen oder einem Targetstab darüber. Stellen Sie nun vier Hürden hintereinander, im Viereck oder versetzt zueinander auf und veranstalten Sie mit ihm spannende Hindernisläufe. Tipp für Fortgeschrittene: Legen Sie ein Handtuch über eine Hürde, da wird der Sprung zu einer zusätzlichen Herausforderung.

Koordination

Hier kommt es auf Genauigkeit an, mogeln gilt nicht.

Was Sie dafür brauchen:
- 4 Kartons oder Kunststoffschüsseln unterschiedlicher Größe, in die Ihr Hund noch bequem treten kann.
- Wenn nötig Antirutschmatten zum Auslegen der Schüsseln.

Vorbereitung: Bauen Sie Ihrem Hund einen Koordinationsweg. Dazu stellen Sie Kartons und/oder die Schüsseln

Spaß-Parcours im Garten

dicht hintereinander auf. Ihr Mini lernt, seine Pfoten gezielt in die Kartons und Schüsseln zu setzen. Bei heißem Wetter können Sie die Plastikbehälter auch mit Wasser befüllen, das sorgt zusätzlich für eine kühle Erfrischung.

Los geht's
Führen Sie Ihren Hund zunächst an eine Schüssel heran, lassen Sie ihn daran schnüffeln und locken Sie ihn anschließend mit einem Leckerchen oder einem Targetstab durch die Schüssel. Klappt das gut, können Sie eine zweite, eine dritte Schüssel etc. hinzustellen.

Schafft Ihr Hund es, in Zeitlupe und mit höchster Konzentration durch den Koordinationspfad zu laufen? Beobachten Sie genau seine Hinterbeine.

Slalom

Da geht's rund. Und zwar immer um die Pfosten – wo immer Sie welche finden. Sind keine parat, bauen Sie sie einfach selber.

Luna lernt geschickt eine Pfote vor die andere zu setzen.

Was Sie dafür brauchen:
› 8 halbe Besenstiele als Pfosten (ggf. auch ein Holzgestell zum Einstecken der Stiele bauen) oder
› 8 mit Sand gefüllte Plastikflaschen

Vorbereitung: Legen Sie den Slalom immer so an, dass Ihr Hund gut durch die einzelnen Pfosten passt, ohne sich allzu sehr zu verbiegen. Dazu stecken Sie die Stiele in den Boden bzw. das Gestell oder stellen die mit Sand gefüllten Flaschen auf. Achten Sie dabei immer auf einen gleichen Abstand zwischen den Pfosten.

Los geht's
Zeigen Sie Ihrem Hund den Weg um die einzelnen Slalompfosten, indem Sie ihn mit einem Leckerchen oder dem Targetstab um diese herumführen.

Mut-Parcours

Sie wollen Ihren Mini weiter ermutigen, couragiert durchs Leben zu gehen? Machen Sie ein Spiel daraus – mit dem Mut-Parcours geht das ganz einfach.

Sie brauchen kein handwerkliches Geschick, um den Parcours aufzubauen, lediglich etwas Fantasie. Und Ihr Zwerg kann beweisen, wie sportlich und tapfer er ist. Lassen Sie ihn das Hindernis zuerst immer selbst erkunden. Wenn er Hilfe braucht, können Sie ihn mit Ihrer Hand, einem Targetstab oder einem Leckerchen unterstützen.

Nach ein paar Wiederholungen läuft Tobi mutig durch das wehende Flatterband.

Flatterband

Es knistert und die Bänder wehen im Wind, da kann nicht nur einem kleinen Hund leicht Bange werden. Dieses Spiel ist perfekt für Ihren Vierbeiner, um seine Tapferkeit zu demonstrieren.

Was Sie dafür brauchen:
- 1 Rolle Absperrband rot/weiß
- 2 Weidezaunpfosten

Vorbereitung: Stecken Sie die Pfosten mit einem Abstand von 1 Meter in den Boden, beispielsweise auf einer Wiese. Spannen Sie Absperrband zwischen die oberen Enden und befestigen daran viele bis zum Boden hängende Absperrbänder.

Pfotenpfad

Gemeinsam gehen Sie mit Ihrem Hund beim Spaziergang über Stock und Stein – und seine Pfoten müssen dabei ganz unterschiedliche Untergründe bewältigen. Üben Sie das auch in entspannter Atmosphäre zu Hause, dann klappt es beim Spaziergang besser.

Spezial

Beim Pfotenpfad ertastet Livvy vorsichtig die neuen Untergründe.

Weitere Ideen:
Legen Sie einfach eine Plastiktüte in die Reihe der Kisten, da raschelt der Boden.

Füllen Sie eine Kiste mit kleinen Bällen, da wackelt dann der ganze Untergrund.

Legen Sie 0,3-Liter-Kunststoffflaschen in eine Kiste, das knistert so spannend beim Durchlaufen.

Was Sie dafür brauchen:
› Verschiedene Holzkisten bzw. Holzrahmen mit niedrigem Rand.
› Kaninchendraht (in der Größe passend zu einem der Holzrahmen)
› Schrauben
› In der Menge passend, dass der Kisten-/Rahmenboden bedeckt ist:
  – Bio-Rindenmulch
  – Korken
  – Kieselsteine

Vorbereitung: Schrauben Sie den Kaninchendraht auf einen Rahmen. Er muss gut gespannt sein und es dürfen weder Schrauben noch Drahtspitzen hervorstehen. Streuen Sie eine Kiste mit dem Mulch ein. Bekleben Sie den Boden einer anderen Kiste mit den Korken (mit schadstofffreiem Holzkleber) und den einer weiteren mit Kieseln (mit lösungsmittelfreiem Montageleim). Stellen Sie die Kisten und Rahmen hintereinander auf.

Wackelbrett

Bringen Sie Ihrem Hund bei, mutig auf einem wackeligen Untergrund hin- und herzuwippen (siehe Seite 44). Will er eine zusätzliche Herausforderung? Dann lassen Sie ihn lustige Tricks auf dem Wackelbrett machen.

Was Sie dafür brauchen:
› 1 rutschsicheres Brett (ggf. einen Teppichrest darauf befestigen)
› 1 Handtuch oder 1 größeren Stein
› Handtücher zum Abfedern

TIPP

Zwischendurch erkunden

Verändern Sie doch einmal das gewohnte Erscheinungsbild in Haus oder Garten. Drehen Sie dafür einfach einen Gegenstand um, z. B. einen Stuhl. Da wird Ihr Zwerg bestimmt neugierig. Sicher bekommen Sie durch die vorgestellten Anregungen auch eigene Ideen für Ihren Mut-Parcours.

Tobi balanciert geschickt am Rand. Für das Wackelspiel eignen sich auch gewölbte Schalen.

Vorbereitung: Legen Sie unter ein rutschfestes Brett einen größeren Stein. Stützen Sie das Wackelbrett mit Handtüchern rundum ab. Zu Beginn sollte das Brett nur ein klein wenig wackeln, dies können Sie nach und nach steigern.

······························

Mut-Parcours für den kreativen Hund

Mit ein paar Übungen können Sie Eigeninitiative und Selbstbewusstsein Ihres Minis fördern! **Ziel:** Er zeigt ohne Anleitung kreative Aktionen an neuen Gegenständen und erkundet diese im eigenen Tempo. Sie unterstützen ihn dabei mit dem Clicker und Leckerchen, geben aber ansonsten keine Hilfen. Klingt kompliziert, ist es aber nicht!

Sie brauchen einen Clicker, kleine Leckerchen und ein paar Gegenstände, z. B. aus dem Mut-Parcours. Ist Ihr Hund noch nicht auf den Clicker konditioniert (siehe Seite 20), können an Stelle des Clicks schnell ein Leckerchen geben. Sie beginnen jede Übung mit einem Startwort, z. B. „Los geht's" und beenden jede Übung mit einer deutlichen Geste (z. B. überkreuzte Arme) oder einem Wort, z. B. „Schluss". Nach ein paar Übungen weiß Ihr Hund dann, wann es sich lohnt, kreativ zu werden und kann sich nach dem Training wieder entspannen.

Nicht vergessen: Auf jeden Click folgt ein Leckerchen!

Kreativ sein, Schritt für Schritt

1. Stellen Sie drei Gegenstände in einem Abstand von ca. jeweils zwei Metern auf.
2. Nehmen Sie fünf Leckerchen und gehen Sie mit Ihrem Hund zu einem Gegenstand. Geben Sie das Startsignal. Clicken Sie die nächsten fünf Aktionen Ihres Hundes, die er sich mit dem Gegenstand einfallen lässt. Bleiben Sie ruhig stehen und versuchen Sie nicht, ihn in Position zu locken – hier kommt es auf seine Eigeninitiative an. Jede seiner Aktionen verdient einen Click – egal was er Ihnen anbietet. Schaut er einen Gegenstand neugierig an oder bewegt er seinen Kopf in dessen Richtung, clicken Sie und belohnen ihn. Verschaffen Sie Ihrem Hund einfache Erfolge, umso kreativer wird er mit der Zeit. Vergessen Sie nicht, die Übung zu beenden.
3. Wiederholen Sie Schritt 2 beim zweiten Gegenstand, dann beim dritten.

Spezial

TIPP

Selbst erkunden lassen

Zeigt Ihr Hund nur wenige oder sehr kleine Aktionen? Häufig haben Hunde gelernt, abzuwarten und erst auf Anweisungen hin zu reagieren. Bei dieser Übung ist es aber genau umgekehrt, deshalb kann der Anfang etwas schwierig sein. Fordern Sie deshalb nicht zu viel von Ihrem Hund, sondern belohnen Sie zunächst die kleinsten Aktionen.

Kreativität steigern, Schritt für Schritt

1. Stellen Sie einen Gegenstand auf.
2. Gehen Sie mit Ihrem Hund zum Gegenstand und geben Sie das Startsignal. Clicken Sie seine nächsten drei Aktionen am Gegenstand zeigt. Beenden Sie die Übung und gehen Sie ein paar Meter vom Gegenstand weg.
3. Üben Sie wie bei Schritt 2, clicken Sie diesmal aber sechs Aktionen.
4. Üben Sie wie bei Schritt 2 und clicken Sie neun Aktionen.
5. Wenn Sie eigentlich das zehnte Mal clicken würden, setzen Sie einen Click aus. Ihr Hund wird sich zuerst wundern, dann aber vermutlich eine stärkere Aktion zeigen: Dafür gibt es wieder einen Click.
6. Clicken Sie dann fünf Mal jede kleine Aktion und beenden Sie die Übung.
7. Zeigt Ihr Hund eine lustige Bewegung oder Aktion? Fangen Sie das ein! Setzt er z. B. seine Pfoten auf einen Gegenstand, legt er seinen Kopf darauf ab oder bewegt er ihn? Dann können Sie für dieses Verhalten ein Signal einführen (siehe Seite 21) – schon haben Sie einen lustigen, neuen Trick!

Paulina wächst bei der Kreativübung über sich hinaus und überrascht mit neuen Tricks.

TIPP

Aktivität fördern

Wollen Sie, dass Ihr Hund aktiver wird und noch mehr Dinge anbietet? Dann verlagern Sie den Futterpunkt, indem Sie das Leckerchen nach dem Click z. B. über den Boden rollen lassen. So ist Ihr Hund in Bewegung und wird sicher kurz danach eine neue Aktivität anbieten.

Dog-Dancing-Choreographie

Mit Spaß zur Musik bewegen, Tricks kombinieren und vielleicht auf der nächsten Geburtstagsfeier eine kleine Aufführung zeigen – Dog Dancing macht's möglich.

Das Gute an Dog Dancing ist, dass Sie die Choreographie an die Talente des Hundes anpassen können. Testen Sie einfach, ob dieser Sport das richtige Hobby für Sie und Ihren Vierbeiner ist.

Musikauswahl

Zu einer richtigen Dog-Dance-Choreographie gehört natürlich der passende Song. Generell gilt: Im Dog Dancing ist

„Frauchen – für dich!"

jede Musik erlaubt. Das Wichtigste ist, Ihnen muss die Musik **gefallen**! Denn bis zum perfektem Tanz werden Sie die Musik immer und immer wieder hören, dazu sollte das ausgewählte Stück schon ein echtes Lieblingslied sein.

Haben Sie schon ein Musikstück in der engeren Auswahl, gibt es einen weiteren Punkt zu beachten: Das Stück sollte im Tempo zu Ihnen und Ihrem Hund passen. Zu einem jungen Zwergpudel wird wahrscheinlich ein eher schnelles und leichtes Lied passen und zu einem älteren Dackel eher ein etwas langsameres. Machen Sie einen Test, indem Sie das Musikstück abspielen und Ihren Hund dazu an einer Seite „bei Fuß" führen. Hören Sie dabei auf den Takt des Musikstücks und versuchen Sie, mit ihm an Ihrer Seite im Takt zu laufen. Können Sie beide das Tempo mit Leichtigkeit halten? Dann haben Sie Ihr Musikstück gefunden! Falls nicht, testen Sie andere Lieder.

Der Song sollte eine halbe bis eine Minute dauern – nicht länger. Dies erscheint Ihnen vielleicht etwas kurz, aber im Training werden Sie merken, dass Ihnen eine Minute schon sehr lang vorkommen kann. Falls Ihr Song länger dauert, wählen Sie einfach einen Teil daraus aus. Hören Sie sich Ihren ausgewählten Song dazu an und überlegen Sie, an welcher Stelle Sie ihn kürzen können. Es gibt bestimmt eine Stelle, die Sie ausblenden, bzw. an der Sie den Song vorzeitig beenden können.

Trick „Umlaufbahn" – beim Dog Dance ist alles erlaubt.

Aus Tricks wird ein Tanz

Noch ein wenig Vorbereitungszeit brauchen Sie, bevor Sie loslegen können. Nehmen Sie sich hierfür ein Blatt Papier und schreiben Sie die Tricks auf, die Ihr Hund gut kann. Gibt es dabei einige **Highlights**, die Sie besonders hervorheben möchten? Hören Sie sich Ihr ausgesuchtes Musikstück an und überlegen Sie sich, an welchen Stellen Sie dieses Highlight einbauen können. Zeichen Sie auch auf ein Blatt Papier ein, wie Sie den zur Verfügung stehenden Raum aufteilen möchten.

Beispiel:
Mein Hund kann folgende Tricks:
› Sprungslalom, Highlight (siehe Seite 66)
› Umlaufbahn (siehe Seite 72)
› Blinder Passagier (siehe Seite 42)
› Festhalten und bringen (siehe Seite 30)

Choreographie, Schritt für Schritt:

1. Startposition: Ihr Hund liegt im Koffer, Sie sitzen ca. 2 m entfernt auf einem Stuhl.
2. Ihr Hund kommt mit einer Blume im Maul auf Sie zugelaufen, gibt Ihnen die Blume und läuft rechts herum um den Stuhl.
3. Ihr Hund läuft links herum um den Stuhl.
4. Wenn Ihr Hund vor Ihnen steht, gehen Sie gemeinsam acht Schritte vorwärts. Ihr Hund ist dabei an Ihrer rechten Seite.
5. Gehen Sie gemeinsam acht Schritte nach rechts.
6. Sie gehen vier Schritte auf den Stuhl zu, und Ihr Hund läuft um den Stuhl herum.
7. Nehmen Sie Ihren Hund an ihre linke Seite und laufen Sie gemeinsam vier Schritte.
8. Lassen Sie ihn dann einmal von links nach rechts durch Ihre Beine springen und dann einmal von rechts nach links. Der Sprung passt zum Takt und ist das Highlight.
9. Laufen Sie auf den Koffer zu und lassen Sie Ihren Hund im Koffer verschwinden.

Sobald die Choreographie feststeht, sollten Sie diese erst einmal ohne Ihren Hund ablaufen. Stellen Sie sich dabei vor, Ihr Hund wäre an Ihrer Seite. So können Sie testen, ob der Tanz auf dem Papier auch tatsächlich funktioniert.

Training

Jetzt geht's los mit Hund! Üben Sie zunächst einzelnen Passagen und setzen Sie diese Schritt für Schritt zusammen. Zur Orientierung im Zimmer oder auf der Wiese können Sie bestimmte Punkte z. B. mit Pylonen oder Kreide markieren.

Lassen Sie sich überraschen, welche Tricks Ihr Hund sich ausdenkt.

Dog-Dancing-Choreografie

Mögliche Hilfsmittel:
› 1 Stange, die Sie sowohl als Targetstab für Sprünge oder zum drumherumlaufen verwenden können.
› 1 Tuch, das als Armverlängerung für einen Sprung dienen kann oder in das sich der Hund eindrehen kann.
› 1 Stuhl oder Tisch

Neue Tricks
Mit Markerworten und Leckerchen (alternativ Clickertraining) können Sie Ihrem Hund ganz leicht neue Tricks beibringen.

Beispiele:
› Ihr Hund steht oft vor Ihnen und schaut Sie erwartungsvoll an? Dann bestätigen Sie es, wenn er mit dem Oberkörper Richtung Boden geht. Schon bald kann er sich vor Ihnen verbeugen.
› Ihr Hund macht gerne Zerrspiele? Dann üben Sie mit einem Tuch und bestätigen Sie es, wenn er mit dem Tuch im Maul seinen Kopf dreht. Sicher kann er sich dann schon bald darin einwickeln.

> **TIPP**
>
> **Sachen, die Spaß machen**
> Belohnen Sie Ihren Hund bei einem anspruchsvollen Trick mit seinem Lieblingskunststück, das er im Anschluss vorführen darf.

Ein Tuch ist ein hübsches Accessoire beim Tanzen mit dem Hund, etwa zum Einwickeln, Springen, Ziehen oder Bringen.

Service

Buchtipps

- Bauer, L.: Blitzrezepte für Hundekekse. Gesunde Leckereien selber backen. Verlag Eugen Ulmer, Stuttgart, 2013
- del Amo, C.: Dogdance. Verlag Eugen Ulmer, Stuttgart 2009
- del Amo, C. und Theby, V.: Handbuch für Hundetrainer. Verlag Eugen Ulmer, Stuttgart 2014
- Jakob, A.: Hundespiele für zu Hause. Verlag Eugen Ulmer, Stuttgart 2013
- Lenz, C.: Hundespielzeug einfach selber machen. Verlag Eugen Ulmer, Stuttgart, 2013
- Schmidt-Röger, H.: Mein kleiner Hund. Verlag Eugen Ulmer, Stuttgart 2009
- Sondermann, C.: Einfach schnüffeln! Nasenspiele für den Hundealltag. Verlag Eugen Ulmer, Stuttgart 2011

> Sondermann, C.: KauSpielSpaß. Leckere Beschäftigungsideen einfach selbst gemacht. Verlag Eugen Ulmer, Stuttgart 2014
> Theby, V.: Verstärker verstehen. Kynos Verlag, Nerdlen 2012

Klick im WWW

www.dogityourself.com
Community-Website der Autorin mit Schritt-für-Schritt-Anleitungen von Hundefreunden zum Selbermachen von Intelligenzspielzeugen, Leinen, Hundebetten und anderen schönen und nützlichen Dingen für Vierbeiner.

www.clickercenter.com
Website der Hundeschule der Autorin. Hier finden Sie Seminartermine, Veranstaltungstipps und Artikel rund um das Thema Clickertraining und Spiel und Spaß mit Hund.

www.SPASS-MIT-HUND.de
Website von Christina Sondermann mit vielen tollen Spielideen und Trainingsanleitungen.

Bildquellen

Alle Fotos im Innenteil und auf dem Umschlag stammen von Heike Schmidt-Röger (www.schmidt-roeger.de).

Über die Autorin

Corinna Lenz leitet als staatlich anerkannte Hundeerzieherin und Verhaltensberaterin (BHV/IHK) die Hundeschule Clicker Center in Bonn und Troisdorf. Ihr Schwerpunkt ist die Erziehung von Familienhunden sowie das Tricktraining.

Darüber hinaus hat sie die Community-Website www.dogityourself.com initiiert, die tolle Do-it-yourself-Ideen für Hundefreunde parat hält.

Mit ihrem Partner, ihrem Sohn und den Hunden Snoopy, Peanut und N´Joy wohnt sie in Troisdorf.

Dank der Autorin

Ich möchte mich bei allen bedanken, die an diesem Buch mitgewirkt haben. Bei den Frauchen und Herrchen der Fotomodels: Anika, Traudel, Natalie, Melanie, Simone, Jens, Tyago, Oliver und seiner Familie und bei Familie Schlich. Außerdem möchte ich mich bei Gerdi, Petra, Rainer, Christine und Sabine bedanken. Für das tolle Fotoshooting und die Unterstützung bei diesem Buch möchte ich mich bei meiner Fotografin und Lektorin Heike Schmidt-Röger bedanken.

Impressum

In diesem Buch sind die Namen von Hundezubehör und -trainingsartikeln, die zugleich eingetragene Warenzeichen sind, als solche nicht besonders kenntlich gemacht. Es kann also aus der Bezeichnung der Ware mit dem für diese eingetragenen Warenzeichen nicht geschlossen werden, dass die Bezeichnung ein freier Warenname ist. Die Markennamen wurden nur beispielhaft aufgeführt.

Die in diesem Buch enthaltenen Empfehlungen und Angaben sind von der Autorin mit größter Sorgfalt zusammengestellt und geprüft worden. Eine Garantie für die Richtigkeit der Angaben kann jedoch nicht gegeben werden. Autorin und Verlag übernehmen keinerlei Haftung für Schäden und Unfälle. Der Leser sollte bei der Anwendung der in diesem Buch enthaltenen Empfehlungen sein persönliches Urteilsvermögen einsetzen.

Bibliografische Information der Deutschen Nationalbibliothek
Die Deutsche Nationalbibliothek verzeichnet diese Publikation in der Deutschen Nationalbibliografie; detaillierte bibliografische Daten sind im Internet über http://dnb.d-nb.de abrufbar.

Das Werk einschließlich aller seiner Teile ist urheberrechtlich geschützt. Jede Verwertung außerhalb der engen Grenzen des Urheberrechtsgesetzes ist ohne Zustimmung des Verlages unzulässig und strafbar. Das gilt insbesondere für Vervielfältigungen, Übersetzungen, Mikroverfilmungen und die Einspeicherung und Verarbeitung in elektronischen Systemen.

Hinweis: Der Verlag Eugen Ulmer ist nicht verantwortlich für die Inhalte der im Buch genannten Websites.

© 2015 Eugen Ulmer KG
Wollgrasweg 41, 70599 Stuttgart (Hohenheim)
E-Mail: info@ulmer.de
Internet: www.ulmer-verlag.de

Lektorat: Heike Schmidt-Röger, Kathrin Gutmann
Herstellung: Ulla Stammel
Layout und Umschlagentwurf: Atelier Reichert, Stuttgart
Druck und Bindung: Westermann Druck Zwickau GmbH, Zwickau
Printed in Germany

ISBN 978-3-8001-1262-3